Free Hugs

Guido Strunk

Free Hugs

Komplexität verstehen und nutzen

Complexity-Research, Forschung & Lehre, Verlag

Guido Strunk
Technische Universität Dortmund, Deutschland
Complexity-Research Wien, Österreich
FH Campus Wien, Österreich

Free Hugs
Komplexität verstehen und nutzen

ISBN 978-3-903291-01-0

1050 Wien, Schönbrunner Str. 32 / 20, www.complexity-research.com

Druck: Books on Demand GmbH, 22848 Norderstedt, In de Tarpen 42

Umschlaggestaltung: Sofie Strunk

Inhaltsverzeichnis

Dieses Buch basiert auf Lehrveranstaltungen die ich über den Nutzen der Systemtheorie seit über 20 Jahren abhalte. Als Psychologe unterrichte ich in der Psychotherapie- und Beratungsforschung die Grundlagen einer von mir begründeten Systemischen Psychologie. Zudem unterrichte ich als Privatdozent Betriebswirtschaftslehre und Managementforschung sowie -praxis. Dabei beziehe ich mich ebenfalls auf die Systemische Psychologie, also die Anwendung der Komplexitäts- und Chaosforschung für Psychologie und Management. Einige Abbildungen und Texte dieses Buches verwende ich daher seit Jahren in den verschiedenen Kontexten. Sie sind für den Bereich der Psychotherapie- und Beratungsforschung zum Teil bereits als Buch erschienen in: Guido Strunk & Günter Schiepek (2014) Therapeutisches Chaos. Eine Einführung in die Welt der Chaostheorie und der Komplexitätswissenschaften. Hogrefe, Göttingen.

1 Einleitung

Dieses Buch handelt vom Chaos, von den Abgründen der Komplexität, aber auch von ihrer Schönheit, Vielgestaltigkeit und Wandlungsfähigkeit. Es will die Grenzen der Vorhersehbarkeit, der gezielten Plan- und Beeinflussbarkeit durch das Management ausloten und zeigen, wie sich gerade an diesen Grenzen neue Möglichkeiten für den Umgang mit dem Komplexen eröffnen.

Ausgangspunkt der Reise ins Chaos ist zunächst der Versuch einer Begriffsbestimmung. Was ist eigentlich mit *Komplexität* gemeint? Im Sommer 2020 findet sich die Behauptung, dass wir es in verschiedenen Lebensbereichen mit einer zunehmenden Komplexität zu tun haben, über 129.000 Mal im deutschsprachigen Internet. Die englische Übersetzung der wortexakten Suche nach „zunehmend komplexer" („*increasingly complex*") liefert sogar über 6,7 Millionen Suchergebnisse. Die Gesamtzahl der Webseiten, die eine zunehmende Komplexität konstatieren, hat sich in den letzten Jahren immer wieder vervielfacht und der Komplexitätsbegriff scheint eines der zentralen Modeworte der letzten Jahre zu sein. Unter den Treffern finden sich unterschiedliche Arten von Texten, darunter politische Reden, Warnungen vor der Überforderung des Individuums, wissenschaftliche Artikel und populistische Meinungsäußerungen, Rechtfertigungen für Wirtschaftskrisen, Bankenrettung und Corona-Maßnahmen, Gründe für Burnout und Zivilisationskrankheiten und so weiter.

Doch trotz der Allgegenwart der in Medien, Wissenschaft und Alltag an die Wand gemalten Komplexität und der damit verbundenen Bedrohungsszenarien wird nur selten deutlich, was damit eigentlich gemeint ist. Zwar ist durchaus ein gewisser Konsens feststellbar: „Komplexität" wird in der Regel als Gegenteil von „einfach" gebraucht und meint häufig eine Überforderung durch die Vielfalt bzw. Vielgestaltigkeit eines Problems. Genauere Begriffsbestimmungen sind jedoch selten.

Das hat seinen Grund. Denn das Wesen der Komplexität ist – man kann es kaum anders sagen – komplex. Versucht man Komplexität mit einfachen Mitteln zu fassen, verschwindet sie und löst sich als Scheinproblem in Wohlgefallen auf. Sinngemäß hat das z. B. der große Mathematiker Pierre-Simon Marquis de Laplace getan (1749–1827; sein Name ist zusammen mit dem anderer Wissenschaftler auf dem Fries des Eiffelturms verewigt). De Laplace (1996/1814) geht davon aus, dass alles im Universum nach Naturgesetzen abläuft. Es spielt keine Rolle, ob wir diese Gesetze kennen – es genügt, dass sie gelten. Und wenn sie gelten, dann geschieht nichts wirklich Zufälliges und auch nichts wirklich Komplexes in der Welt. Alles wäre zumindest prinzipiell verstehbar, da nicht beliebig, sondern auf Regeln beruhend. Die Wissenschaft strebt an, diese Regeln zu ergründen, und in dem Maße, in dem ihr das gelingt, kann sie die Welt in ihrer inneren Ordnung verstehen. Staunen wir heute noch über ein überwältigend „komplexes" Problem, kann sich dieses morgen schon als einfach und banal herausstellen. Sobald wir verstehen, wie es funktioniert, verliert es seine Komplexität. Isaac Newton (1642–1727) formulierte das einmal so: „Die Natur erfreut sich der Einfachheit“ (Newton 1846/1687, S. 384). Komplexität meint hier nichts anderes als ein derzeitiges Noch-Nicht-Verstehen.

Dieses Buch wäre hier zu Ende, wenn das die ganze Geschichte wäre. Tatsächlich aber hat sich in den Naturwissenschaften schon vor über 100 Jahren ein Wandel vollzogen, der dazu führte, das Komplexe als eigenständiges Phänomen zu begreifen. Als solches verschwindet die Komplexität nicht, wenn man nur genauer hinsieht. Newtons Auffassung von der Einfachheit der Welt gilt heute – d. h. vor dem Hintergrund der modernen Komplexitätsforschung – nicht mehr. Interessanterweise sind die wissenschaftlichen Grundlagen der Komplexitätsforschung in den Managementwissenschaften fast völlig unbekannt, und das obwohl auch hier zunehmend vor einer Überforderung durch die Zunahme von Volatilität, Unsicherheit, Komplexität und Ambivalenz (kurz VUKA-Welt) gewarnt wird (vgl. z. B. World Economic Forum 2020). Heute findet sich in der Physik mehr Verständnis für das Komplexe als in vielen Fachartikeln der Managementforschung. Das vorliegende Buch soll einen kleinen Beitrag dazu leisten, dass das nicht so bleibt.

2 Eine Landkarte für die Komplexität

Es ist erstaunlich, wie naiv und vorwissenschaftlich der Komplexitätsbegriff in der Managementforschung behandelt wird. Denn ohne Komplexität bräuchte es kein Management. Managemententscheidungen werden nicht selten unter Unsicherheit getroffen und können dabei Weichenstellungen mit dramatischen wirtschaftlichen Konsequenzen sein. Beispiele für beängstigende Fehleinschätzungen des Managements, z. B. bei der Übernahme von Unternehmen, der Einordnung zukünftiger technischer Entwicklungen oder Bewertung der eigenen Stellung am Markt, finden sich zuhauf. Immer schon hat sich das Management als die Zähmung des Monsters der Komplexität verstanden. Managementsysteme wie das Bürokratiemodell von Max Weber (1864–1920, Weber 1985/1922, 1988/1904/1905) oder das sog. wissenschaftliche Management von Frederick Winslow Taylor (1856–1915), die Fließbänder von Henry Ford (1863–1947) oder die Methoden des strategischen Managements (vgl. Mintzberg 1990, Ansoff 1991) haben ein Ziel gemeinsam: die Komplexität mit Planung, Organisation und Kontrolle zu besiegen. Rationalität, Fachwissen, Expertise, die saubere, datengestützte Analyse von Problemen, Stärken und Schwächen, kurz die Anwendung klassischer wissenschaftlicher Methoden soll es erlauben, „komplexe" Managementaufgaben zu bewältigen.

Einwände gegen dieses Modell des rational bestimmbaren *One Best Way* wurden immer wieder und von verschiedenen Seiten formuliert. So zeigten die Arbeiten von Simon (1955) sowie March und Simon (1958, S. 136 ff.) die eingeschränkte Rationalität von Menschen, die in realen Problemsituationen eben nicht in der Lage sind, alle relevanten Informationen unvoreingenommen und vollständig zu berücksichtigen. In eine ähnliche Richtung wies die berühmte Mintzberg-Ansoff-Kontroverse (z. B. Mintzberg 1990, Ansoff 1991), die sich um die Frage drehte, inwieweit eine strategische Ausrichtung tatsächlich längerfristig geplant werden könne und wie hilfreich es sei, sich gerade in turbulenten Zeiten auf nur einen Lösungsweg festzulegen.

In jüngerer Zeit hat der sog. *Effectuation*-Ansatz (Sarasvathy 2008) viel Anerkennung aus der Praxis erhalten für die Ansicht, dass im Management besser auf ein Ursache-Wirkungs-Denken verzichtet werden sollte. Managemententscheidungen seien in der Regel zu einzigartig und individuell, als dass sich dafür verbindliche Regeln festlegen ließen. Obwohl derzeit nicht schlüssig belegt ist, dass die Anwendung des *Effectuation*-Ansatzes erfolgreicher ist als eine beliebige andere Managementmethode, wird er vonseiten der Praxis bejubelt, denn er nimmt dem Management die Bürde der „richtigen" Entscheidung. Umfangreiche Analyse und Planung werden als kontraproduktiv bewertet und eine Abkehr von der sog. kausalen Logik grundsätzlich befürwortet (vgl.

die kritische Darstellung der Befundlage bei Perry et al. 2012, Strunk 2020). Insgesamt geht der *Effectuation*-Ansatz davon aus, dass ein Ursache-Wirkungs-Denken eher ungünstig und die Abkehr davon eher günstig für den Unternehmenserfolg sei. Aber warum sollte das so sein? Wenn z. B. in der Architektur vorgeschlagen würde, auf eine statische Planung zu verzichten, so würde das als absurd verlacht werden. Ebenso kann im Automobilbau nicht auf Konstruktionspläne verzichtet werden oder auf das zugrunde liegende Ursache-Wirkungs-Denken. Ein Plädoyer für den Verzicht auf die planvolle Anwendung der Naturgesetze in den MINT-Fächern würde wohl nicht viel Gehör finden (MINT steht für Mathematik, Informatik, Naturwissenschaft und Technik). Die Behauptung, dass im Management die Grundlagen der bislang bewährten wissenschaftlichen Methoden aufgehoben werden sollten, benötigt also neben einer entsprechenden empirischen Befundlage auch eine theoretische Begründung. Diese fehlt dem *Effectuation*-Ansatz. Das ist erstaunlich, da die neuere Komplexitätsforschung dafür einiges anzubieten hätte. Statt einer schlüssigen Begründung bezieht sich der *Effectuation*-Ansatz auf eine einhundert Jahre alte Dissertation (Knight 1921/ 2009), um den Begriff der „Unsicherheit" zu definieren und theoretisch einzuordnen. Neuere Forschungsergebnisse fehlen hingegen, etwa über die Rolle der Volatilität bei der Vorhersage von Marktentwicklungen (vgl. zusammenfassend Barnett & Serletis 2000), den Umgang des Menschen mit Unsicherheit (zusammenfassend Rose 2017), die Gesetze der Komplexität und des Chaos (z. B. Prigogine 1995, zusammenfassend Strunk 2019) oder die Bedeutung der Ambiguität für die menschliche Handlungsfähigkeit (Fisher 1967, March & Olsen 1976 und zum Begriff der Ambiguitätstoleranz, also der Toleranz gegenüber widersprüchlichen Wahrnehmungen, Anforderungen, Wirklichkeitskonstruktionen, Paradoxien etc. Manteufel & Schiepek 1998).

Die hier nur kurz wiedergegebene Diskussion zeigt einen alten Streit darüber, ob die Welt verstanden werden kann und ob es Komplexität tatsächlich gibt. Beruht Komplexität z. B. auf Unwissenheit, dann kann es hilfreich sein, sich Wissen zu verschaffen. Beruht sie auf bislang unbekannten Regeln, dann kann die Entdeckung der Regeln helfen. Es ist mehr eine Frage der Grundhaltung, mit der man den Rätseln der Welt gegenübertritt. Denn gültige Beweise kann es in diesem Fall nicht geben. Immerhin geht es um die Frage, ob die Welt prinzipiell verstanden werden kann. Ein Erfolg in einem Teilgebiet bedeutet ja nicht viel in einem anderen. Vereinfachend kann man vielleicht sagen, dass sich Optimismus und Pessimismus hier unversöhnlich gegenüberstehen: Optimistisch eingestellte Menschen glauben an die Beherrschung des Chaos durch Wissen, Wissenschaft, Praxiserfahrung, Marktanalyse oder die Versprechungen von *Big Data* etc. Die pessimistisch gestimmten verweisen auf Beispiele dramatischen Scheiterns und halten die Komplexität schlicht für nicht beherrschbar. Was aber trifft zu? Ist die Welt verstehbar? Kann planvolles Management überhaupt gelingen?

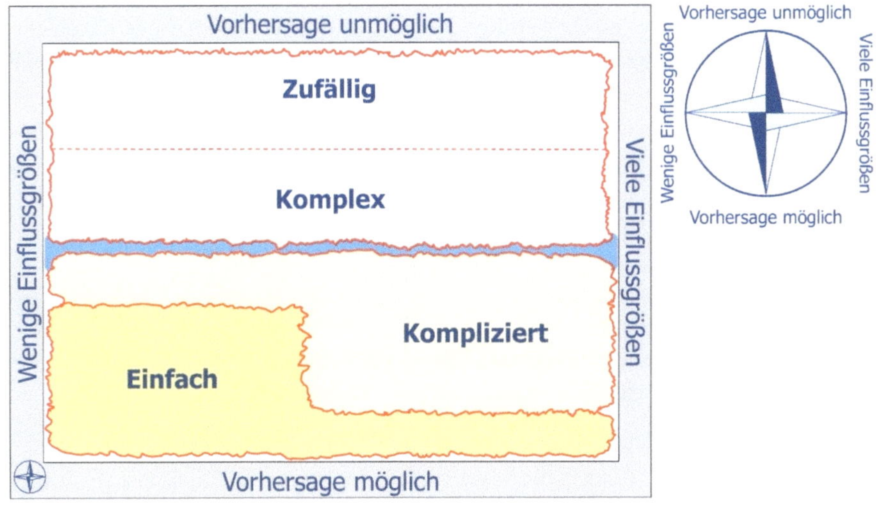

Abbildung 1: Landkarte: einfach, kompliziert, komplex und zufällig
Die Abbildung zeigt eine „Landkarte", die in der Mitte durch einen „Fluss" getrennt wird. Oberhalb dieser Trennlinie wird die Vorhersage des Verhaltens zunehmend unmöglicher. Komplexes Verhalten ist jedoch nicht mit Zufall zu verwechseln. Für die Definition von Komplexität spielt die Zahl der Einflussgrößen keine wesentliche Rolle. (Die Karte wird seit 2007 in Managementseminaren verwendet und wurde publiziert in Strunk & Schiepek 2014, S. 10.)

Einleitend wurde das „Komplexe" als ein eigenständiges Phänomen bezeichnet und nicht nur als ein anderes Wort für „momentane Unwissenheit". Als eigenständiges Phänomen erscheint das Komplexe nur dann, wenn es auf prinzipiell unüberwindliche Erkenntnisgrenzen verweist. Während also Pierre-Simon Marquis de Laplace davon ausgeht, dass alles, was heute als komplex erscheint, in Wahrheit nur demonstriert, was die Wissenschaft noch nicht versteht, ist hier mit Komplexität ein Phänomen, eine Problemstellung gemeint, die man prinzipiell nicht vollständig auflösen kann. Das Komplexe wird auf ewig ein weißer Fleck auf der Landkarte der Wissenschaft bleiben.

Dabei hat das Komplexe, so wie es von der modernen Komplexitätsforschung gesehen wird, nichts mit Esoterik, Religion oder wissenschaftlichen Taschenspielertricks zu tun. Es ist auch nicht so, dass man über das Komplexe nichts Wissenschaftliches zu sagen wüsste. Das Gegenteil trifft zu. Im Folgenden soll es darum gehen, einige Merkmale des Komplexen zu beschreiben und zu verdeutlichen, dass sich in diesen Merkmalen ein Schlüssel zu einem neuen und besseren Verständnis von Wirtschaft,

Organisation und Management verbirgt. Aber trotz aller Fortschritte der Komplexitätswissenschaften bleibt es ein Wesenskern des Komplexen, dass es nicht im Detail gekannt werden kann, dass es in seinem Verhalten nicht exakt vorhergesagt werden kann, dass es sich in ähnlichen Situationen unterschiedlich und in unterschiedlichen Situationen ähnlich verhält und dass es nicht gezielt gesteuert werden kann. Das *Komplexe* bleibt ein weißer Fleck auf der Landkarte der Wissenschaft. Es liegt nahe beim *Zufall*, unterscheidet sich aber von diesem ebenso wie vom *Komplizierten* und *Einfachen* (Strunk 2009b, 2009a, 2019).

Tatsächlich hat es sich bewährt, diese vier Phänomene auseinanderzuhalten. Wir können sie in einer Landkarte nebeneinanderstellen (Abbildung 1). Später mehr dazu, dass das auch aus einer wissenschaftlichen Perspektive sinnvoll ist.

Die Landkarte kennt zwei Koordinaten. Die eine unterscheidet die Zahl der beteiligten Einflussfaktoren und die andere die Schwierigkeit der Vorhersage. Je nach Zahl der beteiligten Einflussfaktoren und dem Ausmaß der Schwierigkeit bei der Vorhersage können einfache, komplizierte, komplexe oder zufällige Gegebenheiten voneinander unterschieden werden. Diese Unterscheidung ist aber nicht immer trennscharf und eindeutig. So verläuft zwischen einfach und kompliziert eine eher unscharfe Grenze. Für diese ist die Zahl der beteiligten Einflussgrößen bedeutsam. Als kompliziert gilt in der Regel etwas, das mehr Einflussfaktoren beinhaltet als etwas Einfaches. Anders sieht die Unterscheidung zwischen der oberen und der unteren Hälfte der Karte aus. Diese Grenze ist dramatisch und unüberwindlich. Oben ist die Vorhersage prinzipiell eingeschränkt – unten nicht. Oben finden sich daher gänzlich andere Phänomene als unten. Die beiden Koordinaten der Landkarte werden bewusst als unabhängig voneinander betrachtet. Die Alltagsvorstellung, dass die Komplexität von der Zahl der Einflussfaktoren abhängt, ist nämlich falsch.

- *Einfach.* Ein Verhalten, das nur von wenigen Einflussgrößen hervorgebracht wird und vollständig verstanden werden kann, soll „einfach" heißen. Es liegt auf der Landkarte unten links. Es ist wichtig zu erkennen, dass viele Sachverhalte als „einfach" beschrieben werden, obwohl sie es gar nicht sind. Es ist ja vielfach das Ziel der Wissenschaft, erratisch anmutende Phänomene mit einfachen Mitteln zu erklären. Albert Einstein (1879–1955) wird in diesem Zusammenhang die Bemerkung zugeschrieben, dass eine Theorie so einfach sein soll wie möglich, nur nicht einfacher (eine zumindest ähnliche Formulierung findet sich in Einstein 1934, S. 165). Auch in der Managementforschung finden sich zahlreiche Vorschläge für Methoden, die eine gezielte Planung, Organisation und Kontrolle der anderenfalls „komplexen Welt" erlauben sollen und daher als „einfach" bezeichnet werden können. Dabei wechseln sich verschiedene Moden des Managements ab. Mal wird diese und mal jene Methode als Erfolg versprechend angepriesen. Vermeintlich erfolgreiche Managementtools sind dabei erschreckend selten wissenschaftlich untersucht und auf Erfolg geprüft (Pfeffer & Sutton 2006). Dafür bieten sie einfache Erklärungen und Patentrezepte die sich mitunter leicht als Moden und Mythen des Managements (Kieser 1995) entlarven lassen. Das Versprechen hinter Ansätzen wie dem *Lean Management* (Womack et al. 1990), dem *Management by Objectives* (Drucker 1954), der Lernenden Organisation (Senge 1996), dem *Effectuation*-Ansatz (Sarasvathy 2001, 2008), der *Big Data*-Analyse (Wu et al. 2014) – um nur einige zu nennen – lautet, dass die Einhaltung der dort beschriebenen Prinzipien klare, vorhersagbare und positive Auswirkungen auf den Unternehmenserfolg haben wird. In der Werbung eines Anbieters aus New York heißt es: „Komplexität ist die neue Normalität – du kannst Dich entscheiden: entweder du hast Erfolg, indem Du *Big Data* einsetzt oder du stehst den Anforderungen der wachsenden Komplexität hilflos gegenüber" (Harer & Coleman 2015, Folie 8). Das klingt nach einer „einfachen" Lösung. *Big Data* wird zum Versprechen über die Rückkehr in vorkomplexe Zeiten.

„Einfache" Erklärungen klingen deshalb so plausibel, weil sie mit wenigen Begriffen operieren und diese nach simplen Kausalgesetzen miteinander verknüpfen. Sie gewinnen ihre Überzeugungskraft aus wenigen Wenn-dann-Relationen, die genügen sollen, um die gesamte Vielfalt einer Problematik zu erklären. So argumentiert etwa die Erfolgsfaktorenforschung im Management, die das Ziel hat, die Managementpraktiken zu identifizieren, die mit dem Unternehmenserfolg korrelieren. Die Ergebnisse dieser Forschungsbemühungen sind bisher jedoch wenig überzeugend (Nicolai & Kieser 2002). Es soll hier nicht in Abrede gestellt werden, dass es solche einfachen Problem-Lösungs-Zusammenhänge geben kann. Im Gegenteil: Dort wo z. B. eine einfache Managementstrategie sicher funktioniert, spricht nichts dagegen, diese auch zu verwenden. Allerdings hat sich in der Vergangenheit mehr als nur einmal gezeigt, dass die theoretisch vermutete Einfachheit nicht immer empirisch belegt werden kann.

Häufig hört man die Ansicht, dass Einfachheit dann gegeben ist, wenn nur wenige Einflussgrößen an einem Phänomen beteiligt sind. Das ist aber keine Garantie. Auch wenige Personen können sich im zwischenmenschlichen Chaos verlieren und eine Patentlösung für das ganz normale Chaos der Liebe (Beck & Beck-Gernsheim 2005) ist bisher nicht in Sicht – auch wenn es dabei nur um zwei Personen gehen sollte. Umgekehrt können sich sehr viele Menschen sehr einfach verhalten, etwa dann, wenn im Fußball ein Tor fällt und tausende Fans gleichzeitig zu jubeln beginnen. Einfachheit kann auch aus Vielfalt entstehen.

Zusammenfassend kann man festhalten, dass man einfache Probleme mit einfachen Mitteln verstehen und lösen kann und dass man das im Sinne eines angemessenen Mitteleinsatzes auch tun sollte – wenn es möglich ist.

Fragt man in Management-Seminaren nach Tätigkeiten, die als „einfach" klassifiziert werden, dann bekommt man Routinetätigkeiten aufgezählt, etwa die Sichtung von Bewerbungsunterlagen, das Schreiben einer Rechnung, die Erfassung von Anwesenheitszeiten etc. Aber mitunter wird etwas genannt, was anderen als gar nicht einfach erscheint. Einfachheit ist auch eine Frage der Erfahrung. Und vieles was uns nach Jahren der Übung als einfach erscheint, war zu Beginn sehr kompliziert. Dazu unten noch mehr.

- *Kompliziert.* Ebenso wie bei einfachen Phänomenen handelt es sich bei komplizierten Konstellationen um solche, die verstanden werden können. Das heißt, dass sich „komplizierte Probleme" lösen lassen – aber dass dafür mehr Mühe aufgebracht werden muss als für „einfache Probleme". Damit wird die Grenze zwischen einfach und kompliziert zu einer fließenden Unterscheidung, die stark davon abhängt, wie geübt man in der Handhabung eines gegebenen Problems ist. Komplizierte Probleme können durch Übung und Wiederholung mit der Zeit zu einfachen Problemen werden. Der Unterschied ist gradueller Natur. Die Gemeinsamkeit, dass es in beiden Fällen möglich ist, eine Lösung zu finden, überwiegt. Mitunter wird ein Phänomen komplizierter, wenn mehr Variablen daran beteiligt sind. Wird ein Problem von vielen Variablen beeinflusst, dann kann es sich um ein kompliziertes Problem handeln. Aber auch eine überschaubare Zahl an Variablen kann schwierig zu verstehen sein. Ähnlich wie bei einfachen Konstellationen spielt die Zahl der beteiligten Einflussgrößen nicht die alles entscheidende Rolle. Ein „kompliziertes Problem" liegt dann vor, wenn es zumindest prinzipiell – bei Kenntnis der Variablen und ihrer Beziehungen zueinander – vollständig verstanden und gelöst werden kann. Das Erstellen eines Dienstplanes für den Schichtdienst eines Krankenhauses kann ein kompliziertes Problem darstellen oder die Erstellung einer Bilanz für ein Unternehmen. Bei komplizierten Aufgaben muss für die Bewältigung Mühe aufgebracht werden, aber letztlich gelingt es dadurch, die Aufgabe erfolgreich zu bewältigen.

Von einem komplizierten Problem soll dann die Rede sein, wenn es bei Kenntnis aller beteiligten Variablen und Gesetzmäßigkeiten zumindest prinzipiell möglich ist, das Problem vollständig zu verstehen. Viele theoretische Modelle der Wirtschaftswissenschaft verstehen sich in diesem Sinne als kompliziert, also als prinzipiell verstehbar und berechenbar. Aber auch die wissenschaftliche Beschreibung eines Verhaltens als „kompliziert" kann zu einfach sein. So gelten Angebots-Nachfrage-Modelle der Preisbildung vielfach nicht auf realen Märkten, da die Modelle zu starke Vereinfachungen (z. B. lineare Angebotsfunktionen, vgl. Gouel 2012) enthalten (Day 1992). Angebots-Nachfrage-Modelle sind mathematisch ohnehin schon recht kompliziert, aber reale Märkte erscheinen noch viel wilder zu sein. Aber damit soll nicht gesagt sein, dass es keine komplizierten Probleme gäbe. Wenn es sich bei einem Problem um ein kompliziertes Wirkungsgefüge handelt, dann besteht die begründete Hoffnung, dieses in Zukunft im Detail verstehen und vielleicht sogar gezielt beeinflussen zu können. Das von der EU mit einer Milliarde Euro geförderte Großprojekt, bei dem es um den vollständigen „Nachbau" eines menschlichen Gehirns im Computer geht (*Human Brain Project*), ist von dieser Hoffnung beseelt. Auch *Big Data* macht Sinn vor dem Hintergrund komplizierter Problemstellungen, die mit einem Mehr an Daten besser verstanden werden können. In diesem Sinne testet *Big Data* die Grenzen der Kompliziertheit aus. Komplexität – das werden wir noch sehen – kann hingegen nicht mit solchen Methoden überwunden werden. Einem komplizierten Problem sollte man mit angemessenen Mitteln begegnen, diese werden wahrscheinlich nicht „einfach" sein, können aber von Erfolg gekrönt sein, weil komplizierte Probleme tatsächlich gelöst werden können. Für die klassische Mathematik und Naturwissenschaft und die sich daran orientierende Wirtschaftswissenschaft erscheinen Probleme allenfalls kompliziert. Grundsätzlich geschieht aus einer deterministisch-mechanistischen Perspektive alles nach Gesetzmäßigkeiten, die man nur herauszufinden braucht, um verstehen, planen und gestalten zu können.

- *Einfach und kompliziert sind geordnet.* Die Unterscheidung zwischen einfach und kompliziert ist in Bezug auf die Vorhersagbarkeit eines Phänomens irrelevant. Beides gilt – gemäß Landkarte – als vorhersagbar. Egal wie kompliziert etwas ist, wie viel Mühe auch nötig ist, ein kompliziertes Problem kann gelöst werden. „Einfach" und „kompliziert" könnte man also auch zusammenfassen. Auf der Landkarte könnte das dann „Ordnung" heißen. Dennoch ist die Unterscheidung für Organisationen von Relevanz. Sobald eine Tätigkeit z. B. durch Übung und jahrelange Erfahrung einfach geworden ist, gerät sie aus dem Fokus der Aufmerksamkeit. Die Tätigkeit läuft mit zunehmender Übung automatisiert ab. Das macht es aber zunehmend schwerer, darüber zu sprechen. Menschen vergessen, wie sie etwas tun, wenn sie das Verhalten gut eingeübt haben. Dieses Wissen wird auch als implizites Wissen bezeichnet (Polanyi 1966/1983). Es ist schwer, darüber zu sprechen, weil es durch Wiederholung aus dem bewussten Tun herabgesunken ist zu einem unbewussten und damit nichtsprachlichen Verhaltensprogramm. Wie aber kann man diese Erfahrungen weitergeben, wenn man eigentlich gar nicht sagen kann, wie man das tut, was man tut? Wie kann man Praktiken ändern, wenn man nicht darüber sprechen kann? Solche und ähnliche Fragen werden in der Literatur zum organisationalen Lernen ausführlich diskutiert (Nonaka & Takeuchi 1995, Nonaka & Georg 2009). Aber für die Frage nach der Komplexität sind die beiden Länder oberhalb von „einfach“ und „kompliziert“ von größerer Bedeutung.

- *Zufällig.* Es war ein Schock für die modernen Naturwissenschaften, als sie anerkennen mussten, dass ihre Mittel häufig zu begrenzt sind, um vollständige Vorhersagen über ein Verhalten zuzulassen. Nur wenn es gelänge, alle Moleküle eines Gases einzeln und detailliert zu berücksichtigen, könnte man das Verhalten dieses Gases im Detail verstehen. Theoretisch gesehen wäre das ein kompliziertes Problem mit extrem vielen Einflussgrößen (extrem vielen Molekülen), daher müsste es möglich sein, dieses Problem vollständig zu lösen. Praktisch ist es kaum zu schaffen. Ähnlich verhält es sich mit dem Verhalten von Personen, die auf einem effizienten Markt agieren (Fama 1970). Es gehört zu einer der zentralen Überzeugungen der modernen Wirtschaftswissenschaft, dass Märkte dazu tendieren, sich zufällig zu verhalten. Das liegt nicht darin begründet, dass Irrationalität und Unwissen vorherrschen. Das Gegenteil wird angenommen. Märkte tendieren dazu, alle relevanten Informationen blitzschnell in Marktentscheidungen einfließen zu lassen. Wenn aber alle Informationen, die heute über die Zukunft einer Ware oder Dienstleistung bekannt sind, bereits zum Handeln benutzt werden, dann ist der heutige Preis bereits einer, der diese Informationen enthält. Wird also z. B. in den Medien über steigende Immobilienpreise berichtet, dann kann man daraus nicht ableiten, dass diese weiter steigen werden. Denn wenn alle am Markt beteiligten Personen davon ausgehen, dass die Immobilien an Wert gewinnen werden, dann werden auch heute schon höhere Preise gezahlt (die Immobilie wird es ja in Zukunft ganz sicher Wert sein). Wenn hingegen die Überzeugung vorherrscht, dass die Immobilienpreise eine Blase widerspiegeln, also zu hoch sind, dann wird auch heute niemand mehr bereit sein diese hohen Preise zu zahlen. Der aktuelle Preis spiegelt auf informierten Märkten immer das aktuelle Wissen wider und der zukünftige Preis hängt dann nicht mehr von Informationen ab, die heute bereits bekannt sind. Nur mehr unbekannte und gänzlich neue Informationen wie plötzliche Gesetzesänderungen, unvorhergesehene Umweltkatstrophen, eine sich rasend schnell ausbreitende Pandemie können, sobald sie eintreten, die Preise verändern. Und wenn solche „neuen" Informationen wirklich neu sind, also zufällig auftreten, schwanken Preise ebenfalls zufällig. Zufall wäre auf informierten Märkten normal.

Es ist nicht ganz leicht, diese bittere Pille zu schlucken. Sie erscheint zudem paradox: Je mehr man weiß, desto weniger lässt sich vorhersagen. Mit den Methoden der Wahrscheinlichkeitsrechnung lassen sich zwar einige Aussagen auch über Zufallsprozesse treffen, aber das ändert nichts an der Tatsache, dass man einen konkreten Kursverlauf nicht vorhersagen kann, wenn sich der Markt nach dem Standardmodell der Ökonomie verhält.

Das Standardmodell geht sogar noch weiter. Aus der Logik des Modells folgt, dass nur dann eine Vorhersage eines Marktes gelingen kann, wenn man einen bedeutsamen Informationsvorsprung besitzt. Stochastik und Wahrscheinlichkeitsrechnung, Neuronale Netze, *Big Data*-Analysen oder *Data Mining*-Technologien, *Machine Learning* und KI wurden und werden angepriesen als Technologien, die einen solchen Vorsprung bedeuten können. Aber für jede dieser Methoden gilt, dass die Gewinnchance verschwindet, sobald andere die gleiche Technik anwenden. Mit steigender Verfügbarkeit der Technologie sinkt ihr Wert.

Zufall kann darauf beruhen, dass an einem Prozess so viele Variablen beteiligt sind, dass es unmöglich wird, alle davon zu berücksichtigen. Es braucht aber nicht zwingend eine große Zahl, um Zufall zu erhalten. Die Hypothese effizienter Märkte beschreibt einen Zufallsprozess ganz unabhängig von der Zahl der beteiligten Personen oder Güter auf einem Markt. Von Zufall sprechen wir dann, wenn die Mittel, ein Verhalten vorherzusagen, fehlen. Das ist immer dann der Fall, wenn man versucht, ein Ereignis Y aus dem Vorliegen von Ereignis X vorherzusagen, ohne dass ein Zusammenhang zwischen beiden besteht. Es ist klar, dass das nicht geht. Beispielsweise kann der Wurf eines Würfels aus einem vorherigen Wurf desselben Würfels nicht vorhergesagt werden. Daher heißt der eine Wurf gegenüber dem anderen Wurf „zufällig". Ein wichtiges Modell für das Verhalten von Märkten ist der sogenannte *Random Walk* (für eine Übersicht: Barnett & Serletis 2000), der gern mit dem torkelnden Gang eines betrunkenen Menschen verglichen wird. Jeder aktuelle Preis wird als Ausgangspunkt betrachtet, von dem aus ein Schritt in die eine oder die andere Richtung gleichwahrscheinlich erscheint. Wirft man z. B. nach jedem Schritt eine Münze, die entscheidet, wohin man sich wendet, so entsteht Schritt für Schritt der torkelnde Gang des *Random Walk*, der sich in vielen (aber eben auch nicht in allen) Märkten nachweisen lässt.

Zufall bedeutet, dass alles eintreten kann, was möglich ist und dass es das auch tut, wenn man lange genug wartet (Poincaré 1890). Also können auch sehr unwahrscheinliche Ereignisse jederzeit eintreten. Es gibt bei Zufallsprozessen keine Garantie dafür, dass die tatsächlichen Ereignisse sich an die vorhergesagten Wahrscheinlichkeiten halten. Auch wenn bereits über hundert Mal beim Roulette Rot kam, bedeutet das nicht, dass jetzt bald einmal Schwarz kommen muss. Vorherige Ergebnisse im Roulette sind eben nicht in der Lage, zukünftige Ereignisse vorherzusagen. Für den Zufall spielt es also keine Rolle, ob an einem Prozess viele oder wenige Variablen beteiligt sind. Beim Zufall ist es vielmehr so, dass die Variablen, die eine Vorhersage erlauben würden, nicht bekannt oder verfügbar sind oder erst im Nachhinein bekannt werden: Geschieht etwas Ungeahntes, so kann das die Märkte beeinflussen. Auch wenn das im Nachhinein als zwingend erscheint, kann es vorab nicht vorhergesagt werden.

Ähnlich wie bei den einfachen oder komplizierten Gegebenheiten ist auch der Zufall ein Etikett, welches mitunter den falschen Phänomenen umgehängt wird. So werden in der Personalplanung Fehlzeiten gern als Zufallsereignisse betrachtet, obwohl z. B. Krankheiten in Abhängigkeit von ungünstigen Umwelteinflüssen gehäuft auftreten. Jahreszeit, Arbeitsbelastung, Arbeitsschutz, gesundes Kantinenessen etc. können helfen, krankheitsbedingte Ausfälle besser zu verstehen und zu beeinflussen.

Allgemein gilt, dass man gegen den Zufall kein Mittel hat, man kann sich vielleicht darauf einstellen, mehr ist aber nicht möglich. Daher spricht vieles dafür, genau zu prüfen, ob nicht doch Gesetzmäßigkeiten gefunden werden können, die es ermöglichen, gezielt mit dem Phänomen umzugehen.

- *Komplex.* Für nicht wenige Wissenschaftlerinnen und Wissenschaftler gilt Henri Poincaré (1854–1912) noch heute als größter Mathematiker aller Zeiten. Er hat auf verschiedenen Gebieten der Mathematik Herausragendes geleistet und mehr als andere die Entwicklung der Wissenschaften beeinflusst. Poincaré betreute z. B. die Doktorarbeit von Louis Bachelier (1870–1946), der mit seiner Studie über das Verhalten der Märkte die Finanzmathematik begründete und als Erster den Markt als *Random Walk* bezeichnet (Bachelier

1900). Aber der gehört in die Welt des Zufalls. Die Komplexität entdeckte Poincaré um 1890 bei der Untersuchung von Unregelmäßigkeiten in der Vorhersage von Planetenbahnen. Diese Studie kann heute als Geburtsstunde der sogenannten *Chaosforschung* gelten (Poincaré 1890). Und Chaos ist ein prominentes Beispiel dafür, dass es Komplexität tatsächlich geben kann. Es ist an dieser Stelle noch zu früh, Chaos und Komplexität zu definieren; aber weiter unten wird sich das Bild nach und nach vervollständigen. Es soll hier genügen, eine Definition der *Royal Society for Mathematics* anzuführen (Stewart 2002), welche besagt, dass es mathematische Gleichungen gibt, deren Ergebnisse den Zufall täuschend echt nachahmen. Eine Systemdynamik, welche dem Zufall täuschend ähnlich sieht, aber nachweislich nicht auf Zufall beruht, würde man als „chaotisch“ bzw. als komplex bezeichnen.

Wir stehen dem Zufall gegenüber als einem Verhalten, dass man nur akzeptieren, aber nicht beeinflussen oder detailliert verstehen kann. Poincaré und nach ihm viele andere konnten zeigen, dass bestimmte Systeme sich sehr ähnlich dem Zufall verhalten, aber tatsächlich auf Mechanismen beruhen, die vollständig bekannt sein können. Komplexe Systeme werden daher häufig mit Zufall verwechselt. Gleichzeitig können die Mechanismen, nach denen diese Systeme operieren, einfach oder kompliziert sein. Eigentlich müsste man für diese Systeme aufgrund ihrer Einfachheit oder Kompliziertheit erwarten, dass sie sich vollständig vorhersagbar verhalten. Das ist aber nicht der Fall. Ihr Verhalten erscheint viel zufälliger als erwartet. Vorhersagen über das Systemverhalten werden schnell so schlecht, dass man ihnen nicht trauen kann. Die Chaosforschung hat seit den Arbeiten von Poincaré gezeigt, dass man von einigen Systemen tatsächlich alles wissen kann und dennoch eine Verhaltensprognose prinzipiell unmöglich ist (z. B. Lorenz 1963, Seifritz 1987; für die Ökonomie: z. B. Day 1992). Es spielt dabei keine Rolle, ob das System aus vielen Elementen zusammengesetzt ist oder aus ganz wenigen. Unabhängig von der Größe kann sich ein Verhalten ergeben, das unmöglich im Detail vorhergesagt werden kann und dennoch auf wissenschaftlich beschreibbaren Regeln beruht. Inzwischen hat sich gezeigt, dass diese Systeme keine exotischen Ausnahmen darstellen. Sie sind für zahlreiche Prozesse auch in Unternehmen oder Märkten mathematisch und empirisch nachgewiesen. Ökonomische, organisationale und soziale Prozesse können sich solcherart komplex verhalten. Um mit diesen Phänomenen adäquat umzugehen, genügt es nicht so zu tun, als handle es sich dennoch um einfache oder komplizierte Probleme – denn das sind sie nicht. Und wenn man sie fatalistisch als Zufall abtut und die Hände in den Schoß legt, da man ja eh nichts tun könne, verschenkt man die Möglichkeiten zum Management des Komplexen, die aus der modernen Komplexitätsforschung folgen.

Die vorgeschlagene Landkarte muss derzeit in Bezug auf die Komplexität noch etwas nebulös bleiben. Deutlich wurde bisher allerdings, dass Komplexität zwar Merkmale des Zufalls trägt, aber nicht mit diesem verwechselt werden sollte. Zufall ist der Versuch der Vorhersage eines Verhaltens aus einem anderen Verhalten, ohne dass die beiden kausal zusammenhängen. Im Gegensatz dazu tritt Komplexität dort auf, wo deterministisch-kausales Zusammenwirken von Variablen gegeben ist. Wie bei einfachen und komplizierten Phänomenen können die Variablen und deren Wechselwirkungen durchaus bekannt sein, ohne dass daraus das Verhalten vollständig geschlussfolgert werden könnte. Einfache, komplizierte und komplexe Phänomene besitzen also die Gemeinsamkeit, dass die Variablen und die sie verbindenden Gesetzmäßigkeiten zumindest prinzipiell gewusst werden können. Diese Gemeinsamkeit lässt sich auch anders benennen: Es handelt sich bei allen drei Phänomenen um das Verhalten von Systemen. Ein *System* ist nämlich nichts anderes als eine Einheit von Elementen und Beziehungen zwischen diesen Elementen (Strunk & Schiepek 2006, S. 5 ff.). Da im Zufall Elemente gegeben sind, die nicht miteinander in Beziehung stehen, handelt es sich beim Zufall nicht um ein Systemverhalten. Wenn es sich bei den drei anderen Verhaltensweisen um systemische Phänomene handelt, stellt sich die Frage, wie sich die Systeme unterscheiden. Denn an irgendetwas muss es ja liegen, dass ein vollständig bekanntes System sich nicht vorhersehbar verhalten kann. Die Systemtheorien bieten hierfür einen gemeinsamen Erklärungsrahmen, der es erlaubt alle drei Verhaltensweisen gleich gut zu erklären und alle drei mit einer gemeinsamen Klammer zu umfassen.

Einige Irrtümer im Umgang mit dem Komplexen:

- Die Annahme, dass Komplexität eine Eigenschaft sehr großer Systeme ist, ist unzutreffend. Es kommt nicht auf die Größe an!
- Die Annahme, dass zumindest prinzipiell alles irgendwann einmal verstanden werden kann, ist irreführend und vielleicht sogar gefährlich. Es gibt Grenzen der Erkenntnis.
- Die Annahme, dass Naturwissenschaften mit Vorhersehbarkeit und das Management mit der Unvorhersehbarkeit zu tun hat, ist in vielen Fällen eine Verdrehung der Tatsachen. Einige Lehrbücher der BWL und Managementwissenschaften sind deterministischer geschrieben als solche der modernen Mechanik.
- Kompliziert und komplex sind zwei verschiedene Phänomene. Es macht Sinn, beide auseinanderzuhalten.

Reflexionsfragen

- Was in Ihrem Tätigkeitsfeld erscheint Ihnen als einfach und was als kompliziert?
- Welche Aspekte würden Sie als zufällig und welche als komplex bezeichnen?
- Welche der Phänomene, die Sie als zufällig, komplex oder kompliziert erleben, würden Sie gern etwas besser in den Griff kriegen? Hinter einem zufälligen Prozess steht vielleicht ein komplexes System und das erlaubt einen Zugriff auf die Mechanismen hinter dem Phänomen. Kompliziertes kann durch Übung einfach werden und Komplexes lässt sich vielleicht durch Veränderungen von Rahmenbedingungen so bändigen, dass es nur mehr kompliziert erscheint.
- Nicht alles lässt sich sicher in den Griff kriegen. Wie können Sie sich auf echten Zufall oder auf das zufallsähnliche Verhalten der Komplexität vorbereiten?

3 Verstärken, Regulieren und Mischen

Die im vorangegangenen Kapitel vorgestellte Landkarte zeigt zwar auf, wo Komplexität in etwa verortet werden kann. Sie ist aber noch recht grob gezeichnet und liefert bisher auch keinerlei Beweis dafür, dass Komplexität auch wirklich existiert. Um sich der Komplexität zu nähern, bedarf es eines gewissen Verständnisses für Systeme und die in ihnen ablaufenden Prozesse. Es ist daher das Ziel des folgenden Kapitels, die Grundbausteine, aus denen Systeme zusammengesetzt sein können, zu beschreiben und in ihrem typischen Verhalten zu charakterisieren.

3.1 Was Systeme sind und wie man ihr Verhalten erfasst

Die Systemwissenschaften sind eine noch recht junge Disziplin, die sich in den letzten Jahrzehnten rasant weiterentwickelt hat. Das macht es nicht ganz leicht, sich in dem Feld zurechtzufinden. Schuld daran ist unter anderem eine Zäsur, die als dramatische Wende bzw. als umfassende Veränderung im Verständnis von Systemen bezeichnet wird. Diese Wende spaltete die Systemtheorien in die „alten" und die „neuen" (Tabelle 1) und es ist häufig nicht leicht erkennbar, welcher Managementansatz zu der einen oder der anderen Kategorie gehört. Noch unübersichtlicher wird das Feld durch den Umstand, dass es wohl immer schon sowohl qualitativ als auch quantitativ orientierte Systemtheorien gegeben hat. Leider vermeiden es viele Autorinnen und Autoren zu sagen, welcher Systemtheorie sie angehören – und eine babeleske Sprachverwirrung ist nicht selten die Folge.

Wenn man dem Komplexen auf die Spur kommen will, scheiden die „alten" Systembeschreibungen schnell aus. In Tabelle 1 sind diese Ansätze in der oberen Zeile zu finden. Sie werden dort als „erkenntnisoptimistisch" bezeichnet und sind getragen von der Vorstellung, dass die Wahrheit über ein Phänomen entweder „qualitativ, beschreibend" oder aber „quantitativ, berechnend" sicher erschlossen werden kann. Hier steht das Prinzip der „Machbarkeit" im Vordergrund. Wissenschaft wird angesehen als eine gut begründete Methode, die – wenn man sich nur genügend bemüht – irgendwann alle Rätsel der Welt gelöst haben wird.

In der Ökonomie zum Beispiel wurden Preisbildungsprozesse oder Wirtschaftszyklen zunächst ganz ohne Mathematik in Form von plausiblen Erzählungen erklärt, etwa durch die berühmte „unsichtbare Hand", die Adam Smith (1723–1790) als Metapher für das Streben eines Marktes zu einem Gleichgewichtspreis anführt (Smith 2004/1759, 2005/1776).

Tabelle 1: Systemtheorien

	Qualitativ	Quantitativ
Erkenntnisoptimistisch	*Verbale Systembeschreibungen* Verbale Systembeschreibungen über Systemelemente und deren Beziehungen; anekdotische Beschreibung von Abläufen. *Grundaussage:* Systeme können verstanden werden. Allgemeine Gesetzmäßigkeiten lassen sich verbal beschreiben. *Beispielhafte Anwendung/Übertragung:* Etwa die Beschreibung der Marktpreisbildung durch die *Invisible Hand* (Smith 2004/1759, 2005/1776).	*Kybernetik* Klassische Kybernetik (Wiener 1948), Systemdenken (z. B. Senge 1996, Vester 1999), lineare Kausalmodelle (Jöreskog 1973) *Grundaussage:* Systeme können verstanden werden. Allgemeine Gesetzmäßigkeiten lassen sich formal – z. B. mathematisch oder in Flussdiagrammen – abbilden. *Beispielhafte Anwendung/Übertragung:* Etwa die mathematische Modellierung der Marktdynamik als *Random Walk* (Bachelier 1900).
Komplexitätsorientiert	*Kybernetik zweiter Ordnung* Konstruktivismus (von Glasersfeld 1981), Sozialer Konstruktionismus (Gergen 1994), Autopoiese (Maturana & Varela 1987), Theorie Sozialer Systeme (Luhmann 1984). *Grundaussage:* Aussagen über die Wirklichkeit sind immer subjektabhängig. Ihr Wahrheitsgehalt kann objektiv nicht geprüft werden. Sogenannte kopernikanische Wende der Erkenntnistheorie, die auch Kybernetik zweiter Ordnung (von Foerster 1981) genannt wird. *Beispielhafte Anwendung/Übertragung:* Kommunikation als Wirklichkeitskonstruktion (Watzlawick et al. 1969). „Organisationen sind … voll von Subjektivität, Abstraktion, Rätseln, Erfindungen und Willkür" (Weick 1985, Buchrücken).	*Theorien Nichtlinearer Dynamischer Systeme* Chaosforschung (Poincaré 1890, Lorenz 1963), Synergetik (Haken 1969, 1977), Theorie Dissipativer Strukturen (Prigogine 1955, 1987, Prigogine & Stengers 1993), Fraktale Geometrie (Mandelbrot 1982). *Grundaussage:* Komplexe Systeme sind grundsätzlich nicht im Detail vorhersagbar, plan- und steuerbar. *Beispielhafte Anwendung/Übertragung:* Körperliche Fitness zeigt sich in der Komplexität der Herzrate (Herzratenvariabilität, Skinner et al. 1990). Aktienkurse zeigen mitunter Hinweise auf nichtlineare, chaotische Muster (Übersicht in Strunk 2019). S-förmige Angebotskurven erzeugen chaotische Preisentwicklungen (Gouel 2012).

Es war Smith durchaus bewusst, dass hier keine höhere Macht die Hand im Spiel hat, aber er benutzte diese „Metapher wegen ihrer lebendigen Wirkung“ (Raphael 1991, S. 86). Die Botschaft war, dass ökonomische Prozesse – auch wenn sie zunächst höchst rätselhaft erscheinen – mit wissenschaftlicher Methode verstanden werden können und allgemeinen Gesetzmäßigkeiten folgen.

Seit Beginn des 20. Jahrhunderts werden dazu zunehmend auch mathematische Modelle benutzt. Das gilt ganz besonders für die Volkswirtschafts- sowie die Finanzierungslehre, die abstrakte und stark formalisierte mathematische Modelle gern zum Kernpunkt einer wissenschaftlichen Betrachtung heranziehen. Da dabei jeweils Wechselspiele verschiedener Variablen berücksichtigt werden, handelt es sich um typische systemwissenschaftliche Zugänge, auch wenn sie nicht immer als „systemisch“ bezeichnet werden. Dass die Welt verstanden werden kann ist die grundlegende Überzeugung sowohl der qualitativ-beschreibenden Theoriegebäude als auch der quantitativ-berechnenden Ansätze. Auch wenn Vorhersagen dieser Ansätze nicht immer mit der Realität im Einklang stehen, bleibt die Überzeugung bestehen, grundsätzlich auf dem richtigen Weg zu sein, dass also zukünftige, verbesserte Modelle zu einer höheren Übereinstimmung kommen werden.

Ganz anders sehen das die Vertreterinnen und Vertreter der in Tabelle 1 unten verzeichneten Forschungsrichtungen. Sie sind durch ein großes Interesse an Komplexität und den Grenzen der Vorhersagbarkeit vereint. In ihren Bemühungen, die Welt zu verstehen, finden sie immer wieder Hinweise, die auf die Grenzen ihres Tuns verweisen. Mehr noch, sie äußern grundsätzliche Zweifel an der „Machbarkeit“, die die obere Tabellenhälfte kennzeichnet. Pessimisten und Zweifel hat es immer gegeben, aber seit einigen Jahren mehren sich die Theorien, die gute Begründungen für die Grenzen der Vorhersage komplexer Systeme anführen können. Zwar kann das Wesen der Komplexität aus dieser Perspektive besser verstanden werden – und daraus kann man viel für das Management komplexer Systeme lernen (siehe unten) – aber verschwinden wird die Komplexität nicht. Sie ist aus Sicht der „neuen“ Theorien der unteren Tabellenhälfte eine beweisbare Tatsache und nicht ein Zeichen für ein derzeit unzureichendes Wissen. Diese komplexitätsorientierten Ansätze rufen auf zum Umdenken: Wenn Komplexität nicht durch ein mehr an Wissen verschwindet, muss man sie akzeptieren und kann vielleicht durch das Verständnis für die Prinzipien des Komplexen neue, d. h. andere Möglichkeiten zum Management des Komplexen entwickeln.

Im qualitativen Ansatz kam es zu einer erkenntnistheoretischen Wende, die man als konstruktivistische Krise oder als große Befreiung ansehen kann. Neuere qualitative Ansätze betonen die Geschlossenheit von Denkmodellen und die Unmöglichkeit, über die Dinge in der Außenwelt verlässliche Auskunft zu erlangen. Das Komplexe erscheint hier als die prinzipielle Unmöglichkeit zu wissen, ob die Welt so ist, wie wir sie erleben und sogar, ob sie überhaupt existiert. Diese Fragen sind philosophisch, ethisch und sozialwissenschaftlich hochgradig spannend. Angewandt auf Unternehmen stellt sich die Frage, wie diese zu einer Einschätzung ihrer Außenwelt, ihrer Konkurrenz, ihrer Stärken und Schwächen kommen. Alle Einschätzungen werden im konstruktivistischen Ansatz als unvermeidbar subjektive Beobachtungen infrage gestellt. Aussagen über „die anderen" sind niemals objektiv wahr. Sie decken über diese nur wenig auf und verraten viel mehr über einen selbst. Auch Marktanalysen und vermeintlich objektive Kriterien müssen ja immer auch bewertet und eingeordnet werden. Spätestens dann, wenn Menschen über eine Marktprognose reden, kommen die Spielregeln des sozialen Systems, in dem dies geschieht, hinzu. Von außen betrachtet ist es erstaunlich, wie Organisationen es schaffen, relevante Entwicklungen über Jahre hinweg zu ignorieren, zu verschlafen oder wegzuleugnen, ohne davon beunruhigt zu sein. Das liegt daran, dass die Innensicht auf die Dinge nicht mit der Außensicht identisch ist. Die Innensicht filtert, interpretiert und handelt nach den Regeln und Mustern, die in der Vergangenheit funktioniert haben. Das ist auch gut so, weil es Stabilität schafft. Es führt aber auch dazu, dass die Innensicht zwangsläufig subjektiv bleibt. Diese Argumentation lässt sich zuspitzen zu Fragen darüber, ob Menschen überhaupt in der Lage sein können, die Welt zu verstehen. Die Antwort ist niederschmetternd. Sie lautet „nein". So argumentieren die Neurobiologen Maturana und Varela (Maturana 1982, Maturana & Varela 1987), dass jedes Gehirn genau besehen immer nur eigene Aktivierungen verarbeitet. Es ist ein in sich geschlossenes System. Nervenzellen tun letztlich auch nichts anderes als andere Zellen: Sie überleben, indem sie Stoffwechsel betreiben. Wie das geht muss ihnen nicht erst beigebracht werden, das ist ihnen eingebaut. In diesem Sinne sind Nervenzellen weitgehend autonom. Zudem leiten sie Reize weiter, die sie von anderen Nervenzellen erhalten. Auch diese Prozesse laufen autonom – ohne äußere Steuerung – ab. Nur ganz wenige Nervenzellen sind als Rezeptorzellen in der Lage, auf äußere Reize zu reagieren. Die meiste Aktivität des Gehirns hat mit der Aktivität des Gehirns zu tun und nicht mit der Außenwelt. Alles, was das Gehirn von der Außenwelt mitbekommt, sind erneut „nur" Nervenreizungen, die eben diesmal in Nervenzellen entstehen, die wir als Rezeptorzellen bezeichnen. Anders als eine E-Mail, die physikalisch Bit für Bit über Kabel, Funk oder Glasfaser 1 zu 1 übertragen wird, hat das Gehirn keine Schnittstelle zur Außenwelt. Das Bild der Außenwelt muss in der Innenwelt erst mühsam „erfunden" werden. Dieser Prozess der „Selbsterzeugung" wird in der Systemtheorie von Humberto Maturana als „Autopoiese" bezeichnet (Maturana 1987, S. 289). Ähnliches passiert in sozialen Systemen (Luhmann 1984): Kommunizieren wir zu einem Thema, dann bringt die Kommunikation das Thema erst hervor, definiert und fasst es in Begriffe. Das kann niemals objektiv geschehen. Bei der Selbsterzeugung von Bedeutung und Sinn z. B. einer Marktanalyse, vorgetragen auf einer Sitzung, werden nicht ins Bild passende Informationen ebenso weggelassen wie fehlende Informationen hinzuerfunden, weil sie der eigenen oder kollektiven Wahrnehmungslogik besser in den Kram passen. *Sensemaking* nennt Karl Weick (1995) solche Prozesse der Bedeutungszuschreibung in Organisationen. Ein großer Teil organisationalen Verhaltens sieht er in der Erzeugung von Sinn, um Informationen und Daten der Organisationsinnen- und umwelt einzuordnen in eine Bewertung und Erzählung über uns und die anderen, die Sinn gibt und Sinn stiftet. Dieser Sinn ist nicht die einzige Möglichkeit zur Interpretation der Realität, sondern eine sehr organisationsspezifische Deutung, die von der Organisation erst durch den Prozess des *Sensemaking* konstruiert wird (vgl. unten Abbildung 52). Die Konstruktion von Sinn und Bedeutung zeigt sich also auf ganz verschiedenen Ebenen und scheint eine universelle Eigenschaft sinnverarbeitender bzw. -erzeugender Systeme zu sein. So zeigen optische und kognitive Täuschungen, wie Menschen trotz begrenzter oder anderslautender Informationen ein Bild der Welt hervorbringen, welches mit der physikalischen oder objektiven Welt nicht im Einklang steht. Das kann einen an der Vernunftbegabung des Menschen zweifeln lassen (Kahneman & Tversky 1973, 1979) oder man kann es akzeptieren und als besondere Fähigkeit sinnstiftender Systeme verstehen (Gigerenzer & Gaissmaier 2006, Gigerenzer 2008). Der Umgang mit Komplexität und einer sich verändernden Umwelt gelingt Menschen vielleicht deshalb so gut, weil sie sich nicht einseitig auf einfache Erklärungen verlassen, die dieser Komplexität nicht angemessen sind.

Die Theorie der Autopoiese und verwandte Ansätze lassen Zweifel an der Verstehbarkeit der Welt aufkommen. Diese Zweifel sind gut begründet und logisch nachvollziehbar. Aber sie sind nicht zwingend. Man kann sich quasi selbst entscheiden, ob man die Welt für verstehbar hält oder ob man daran grundlegend zweifelt. Ein schlüssiger Beweis für die eine oder die andere Ansicht kann vor dem Hintergrund der jeweiligen erkenntnistheoretischen Position nicht erbracht werden.

Während die Neurobiologie und die Erkenntnisphilosophie zunehmend Zweifel an der Möglichkeit zur objektiven Wahrnehmung der Welt aufwerfen, galten die mathematischen Ansätze lange Zeit als immun gegenüber der Komplexität. Aber auch auf der quantitativen Seite der Systemtheorien hat es eine Komplexitätswende gegeben. Diese ist markiert durch die Entdeckung des sogenannten deterministischen Chaos (oder kurz: des Chaos) durch Poincaré (1890). Da Poincarés Arbeit von 1890 wenig Beachtung fand, musste das Chaos in den 1960er-Jahren noch einmal neu entdeckt werden (Lorenz 1963). Es zeigte sich, dass simple mathematische Gleichungen, wie sie zur Beschreibung von Naturgesetzen seit Newton quasi überall genutzt werden, zu keinen brauchbaren Ergebnissen führen, wenn man sie nur etwas genauer anschaut, als das bisher geschehen war. Ein Pendel zum Beispiel verhält sich vorhersagbar, aber wehe, man hängt an das eine Pendel ein zweites. Ein Planet, der um eine Sonne kreist verhält sich vorhersagbar, aber bereits ein System aus drei Körpern (z. B. Sonne und zwei Planeten) scheint sich eher wirr zu verhalten. Chaos ist eine Eigenschaft, die gesetzmäßig in bestimmten Systemen auftritt. Wir wissen heute, was für Systeme das sind und können feststellen: Chaos ist nicht die Ausnahme, Chaos ist die Regel. Gleichzeitig wird deutlich, dass die Komplexität des Chaos nicht verschwindet, wenn man nur genauer hinschaut. Kein Quantencomputer kann das Chaos besiegen. Diese Erkenntnis kam wie ein Schock. Das Komplexe zeigte sich dort, wo man es nicht vermutet hätte: In den Naturwissenschaften und in der Mathematik fanden sich völlig unerwartet Belege für prinzipielle Erkenntnisgrenzen.

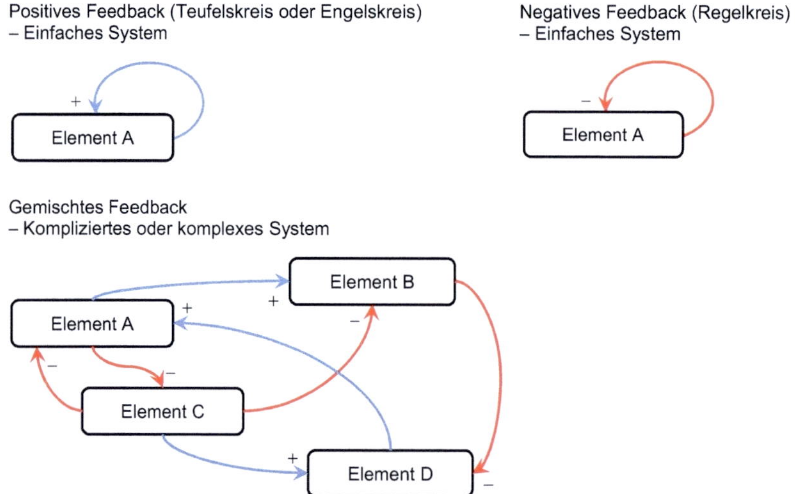

Abbildung 2: Systeme bestehen aus Elementen und Beziehungen zwischen den Elementen

Die Abbildung zeigt Beispiele für Systeme. Im einfachen Fall genügt bereits ein Element, das sich auf sich selbst bezieht (oben).

Die umwälzenden Entdeckungen der Quantenphysik und der Relativitätstheorie hatten zu Beginn des 20. Jahrhunderts schon einmal zu solchen Erschütterungen der Wissenschaften geführt, aber anders als in der Quantenphysik und in Heisenbergs Unschärfe-Relation (die sich ja vor allem auf die Welt des Ultra-Kleinen, auf die Größenordnungen des Subatomaren beziehen, Heisenberg 1927, Dürr 1990) war plötzlich das „echte" Leben betroffen und nicht nur „unsichtbare" subatomare Teilchen.

Das sogenannte „deterministische Chaos" fand sich beim Herumspielen mit seit Langem bekannten mathematischen Modellen für alltägliche wissenschaftliche Problemstellungen. Man hatte vorher nur nicht genau genug hingesehen. Das Chaos war immer schon da und bereits Teil der von Newton entwickelten Gravitationsgesetze. Daher ist die Wende in den quantitativen Systemwissenschaften zwar eine völlig neue Erkenntnis, beruht aber nicht auf einem neuartigen Trick oder einer irgendwie umwälzenden Herangehensweise. Die neuen quantitativen Systemwissenschaften machten durchaus einen evolutionären Sprung, aber bauten nahtlos auf den alten Modellen auf. Das Einfache, Komplizierte und Komplexe kann z. B. in der von Hermann Haken begründeten Synergetik (Haken 1985) mit ein und derselben Theorie erklärt werden. Das ist eine große Stärke dieser Ansätze. Sie erfordern keine neue Weltanschauung, wenn sie den Übergang vom Komplizierten zum Komplexen vollziehen. Meine persönliche Sympathie gilt diesen Ansätzen, deren Kenntnis ich für grundlegend erachte, um die Herausforderungen einer „komplexen Welt" bewältigen zu können. Aber auch dann, wenn man den Sprung ins Komplexe nicht nachvollziehen mag, kann man von der systemischen Denkweise für das Management viel lernen.

Unabhängig vom Typ der jeweiligen Systemtheorie sind sie doch alle darin einig, dass Systeme aus Elementen und Beziehungen zwischen diesen Elementen bestehen (Strunk & Schiepek 2006). Insbesondere die neuen Ansätze aus der unteren Hälfte der Tabelle betrachten Systeme als etwas Besonderes und dabei gleichzeitig als etwas sehr Allgemeines, überall Anzutreffendes. Den Ansätzen aus der oberen Hälfte war die systemische Perspektive hingegen fremd oder unwichtig: Denn dass vieles zusammenhängt, dass die Welt aus vielen zusammengesetzten, vernetzten Elementen besteht, war ihnen eine Selbstverständlichkeit, für deren Begründung es keiner speziellen Theorie bedarf. Auch klassischen naturwissenschaftlichen Ansätzen wie der Mechanik war der Umstand durchaus bewusst, es in der Natur mit zusammengesetzten Systemen zu tun zu haben. Der Vorschlag von Galilei (1564–1642, Galilei 1964/1638) war daher, Systeme in ihre Einzelteile zu zerlegen und diese einzeln Schritt für Schritt experimentell zu untersuchen. Durch das Zerlegen des Systems in kleinere Ursache-Wirkungs-Einheiten wird das Systemische zunächst aus der Betrachtung ausgeklammert. Das ist eine raffinierte Lösung für ein Verständnis großer zusammengesetzter Systeme, aber sie funktioniert nur dann, wenn Systeme sich additiv zusammensetzen und auseinandernehmen lassen, ohne dabei ihre Eigenschaften einzubüßen. Wenn aber in Systemen etwas anderes, etwas Neues passiert, dann geht diese „systemische Eigenschaft" durch das experimentelle Vorgehen verloren.

Wir wissen heute, dass Systeme mehr sind als die Summe ihrer Teile. Sie werden daher auch als „übersummativ" bezeichnet. Diese besonderen Eigenschaften von Systemen sind das zentrale Thema der Ansätze der unteren Hälfte der Tabelle 1. Da es sich um Eigenschaften von Systemen handelt, die unabhängig von der Art des Systems zu gelten scheinen – sich also in der Ökonomie ebenso wiederfinden wie in der Physik oder der Psychologie – lassen sie sich auch als „allgemeine Systemtheorie“ zusammenfassen. Ein Begriff, der auf Ludwig von Bertalanffy zurückgeht, der bereits in den 1930er-Jahren begann, eine allgemeine Systemtheorie zu formulieren. Vieles, was heute durch Management-Klassiker wie Peter Senges „Fünfte Disziplin“ (Senge 1996) fast schon zum Allgemeinwissen über das sogenannte Systemdenken gehört, war in der „allgemeinen Systemtheorie“ bereits ausführlich diskutiert worden. Insbesondere greift von Bertalanffy (1968) zahlreiche neuere Erkenntnisse der Komplexitätsforschung früh auf und integriert sie in seinen Ansatz. Damit steht die „allgemeine Systemtheorie“ der Komplexität viel offener gegenüber als viele später publizierte Arbeiten zum „Systemdenken“.

Eine prototypische Abbildung von dem, was ein System ausmacht, nämlich dass Teile oder Elemente aufeinander wirken (im einfachsten Fall nur ein Element auf sich selbst), ist in Abbildung 2 zu sehen. Systeme lassen sich grafisch darstellen, indem man Kästchen für die Elemente und Pfeile für die Beziehungen zwischen den Elementen verwendet. Mit etwas Übung können solche grafischen Systemmodelle für relevante Managementprobleme schnell skizziert werden. Sie erlauben erste Einsichten in die wechselseitigen Abhängigkeiten, die sich um ein Problem herum gruppieren. Sie erlauben damit auch Beeinflussungsmöglichkeiten und Selbstorganisationskräfte abzuschätzen. Systemmodelle sind ein erster wichtiger Schritt zum Verständnis des Komplexen, aber auch einfacher und komplizierter Wirkzusammenhänge.

Auch wenn man Systemmodelle allein zur Veranschaulichung benutzt und keine wissenschaftliche Exaktheit anzielt, so sind sie doch immerhin Sammlungen von Variablen, die in einem System eine Rolle spielen und bei Problemlösungen zu berücksichtigen sind. Darüber hinaus kann aus der Kenntnis typischer Wirkmechanismen in Systemen eine Vorstellung für das System als Ganzes entwickelt werden.

Einige Irrtümer im Umgang mit Systemtheorien:

- Es gibt nicht nur eine Systemtheorie. Somit ist es erforderlich, dass man klar angibt, im Rahmen welcher Theorie man argumentiert. Das vorliegende Buch beruht weitgehend auf den Ansätzen aus dem unteren rechten Teil der Tabelle.
- „Offen“ ist häufig „geschlossen“ und umgekehrt. Seit Jahren tobt ein Streit darüber, ob offene oder geschlossene Systeme interessanter sind. Wenn aber die Autopoiese die in sich geschlossenen Prozesse der Selbsterzeugung betont, meint sie die gleiche Art von Systemen, die in den quantitativen Systemtheorien als (thermodynamisch und energetisch) „offen“ bezeichnet werden.

- Systemtheorien besitzen nur dann eine Daseinsberechtigung, wenn Systeme neue, eigenständige Phänomene begründen oder erzeugen, die auf der Ebene der Teile noch nicht vorliegen – wenn sie also sogenannte emergente Eigenschaften aufweisen. Diesem Neuen und Eigenständigen von Systemen gilt das vorliegende Buch. Systemtheorien wären überflüssig, wenn es diesen Mehrwert nicht gäbe.
- Eine hartnäckige Alltagsmeinung setzt System und Komplexität gleich. Das führt dann auch zu der Überzeugung, dass man Systemtheorien nicht verstehen müsse. Es genüge zu wissen, dass sie zeigten, dass die Welt komplex sei. Tatsächlich leisten Systemtheorien weit mehr als nur die Existenz des Komplexen zu behaupten. Lesen Sie weiter!

Reflexionsfragen

- Sind Sie ein Zahlenmensch? Vertrauen Sie eher mathematischen Modellen oder Erzählungen? Warum?
- Mathematische Modelle oder Erzählungen – welchen Zugang zur Welt halten Sie für komplexer oder anfälliger für das Komplexe? Wie kommen Sie zu dieser Überzeugung?

3.2 Geschichten als lineale Ereignisabfolgen

Mit Recht kann man behaupten, dass der Mensch erst durch seine „Geschichten" zum Menschen wird. Nicht nur erzählen Menschen gern, sie erfinden sich und ihre Umwelt in ihren Geschichten, ordnen sich selbst und ihr Tun in einen Kontext und verorten sich so in ihrem sozialen Raum. Sowohl die auf der Pressekonferenz vorgestellte Firmengeschichte als auch der geflüsterte Kantinenklatsch dienen dem Zweck, Ereignisse zu ordnen, ihnen Sinn und Logik zu verleihen, sie in etwas Größeres einzuordnen und zu interpretieren. Erzählungen können daher als sinnstiftend und wirklichkeitskonstruierend angesehen werden.

Ganz allgemein betrachtet folgen Geschichten häufig einem typischen Erzählmuster, das unserem Erleben von Ursache und Wirkung entgegenkommt. Meist beginnen Erzählungen in der Vergangenheit und der Erzählfluss wird durch die vergehende Zeit in eine Verlaufsrichtung kanalisiert. Wer kennt nicht die Aufgabe aus der Grundschulzeit, bei der es darum geht, eine durcheinander geratene Bildergeschichte „richtig", das heißt zeitlich zu ordnen? Geschichten mit Zeitsprüngen und Rückblenden sind relativ neue Formen des Erzählens und nicht selten intellektuell und emotional weit anspruchsvoller als die normal-geradlinige Erzählung, die wir aus Märchen, der Bibel oder dem Alltag kennen. Die geradlinige Abfolge von Ereignissen, wo eines zum anderen führt, wird auch als „lineale“ Abfolge bezeichnet und sollte nicht mit dem Begriff der Linearität verwechselt werden.

Eine lineal-geradlinige Erzählung entwickelt einen starken Sog ins Faktische: Ereignisse, die zeitlich aufeinander folgen, entsprechen unserer Vorstellung von der natürlichen Ordnung der Dinge. Lineale, also geradlinige Ereignisfolgen orientieren sich am Lauf der Zeit und ordnen Ereignisse nach Ursache und Wirkung, sodass die Ursache immer vor der Wirkung geschieht. Sie sind auf diese Weise in der Lage, z. B. die Turbulenzen einer Unternehmensgründung als logische Abfolge von Fakten darzustellen. Zeitliche Paradoxien – etwa die Veränderung, die eine Firmengeschichte erfährt, wenn eine neue Generation das Familienunternehmen übernimmt – oder die Frage nach der jeweils vorausgehenden Existenz von Henne oder Ei werden nicht selten als störend erlebt, ziehen sie doch die Logik der Erzählung in Zweifel (Abbildung 3).

Der Gewinn aus der Linealität einer Erzählung ist zum einen die Portionierung des Ereignisstroms in kleine Ursache-Wirkungs-Einheiten und zum anderen die Einfachheit jeder einzelnen Einheit (der Begriff „Analyse“ bedeutet nichts anderes als „Zerlegen“ und gilt heute als Inbegriff des Verstehens). Ursache-Wirkungs-Einheiten sind zweifellos einfache Elementarbausteine unseres Wirklichkeitsverständnisses, und nicht selten erschöpft sich diese auch darin. Dabei steht eine Ursache einer Wirkung gegenüber und die zunächst rein zeitliche Abfolge verknüpft beide mit der Logik des Kausalgesetzes zu einer zwingenden und unausweichlichen Verbindung. Der Vorteil solcherart einfacher Geschichten liegt in der Identifikation von Ursachen für Probleme. Wenn etwas gegen Ende einer Ereigniskette problematisch wird, dann findet sich die Ursache dafür am Beginn der Kette. Mitunter werden solche Erzählweisen bewusst als machtpolitische Instrumente eingesetzt. Welches Ereignis wird an den Beginn der Erzählung gesetzt? Die Geschichte vom verlorenen Königreich kann das gut illustrieren. Darin wird von einem Schmied berichtet, der nach einer ausgiebigen und sehr alkoholischen Feier ein Pferd schlecht beschlagen hat. Der Prinz, der mit dem Pferd auf dem Weg in die Schlacht ist, verliert daher ein Hufeisen, kommt zu spät in die Schlacht, die Schlacht geht daher verloren und mit ihr ein ganzes Königreich (vgl. Lowe 1980). In dieser typisch linealen Geschichte ist die Schuld des Schmieds klar erkennbar, wird Schritt für Schritt nachvollziehbar und lässt ihn als fahrlässigen Säufer erscheinen. Die Identifikation von Schuldigen ist eine typische Folgerung aus linealen Erzählungen. Ursachen lassen sich in einfachen Systemen leicht benennen. Die Frage ist daher, ob es sich bei einem gegebenen Problem um ein einfaches handelt oder um ein kompliziertes, komplexes oder sogar zufälliges. Je schwieriger es wird, desto mehr verkrümeln sich die Ursachen und treten die Strukturen des Systems als Ganzes in den Vordergrund.

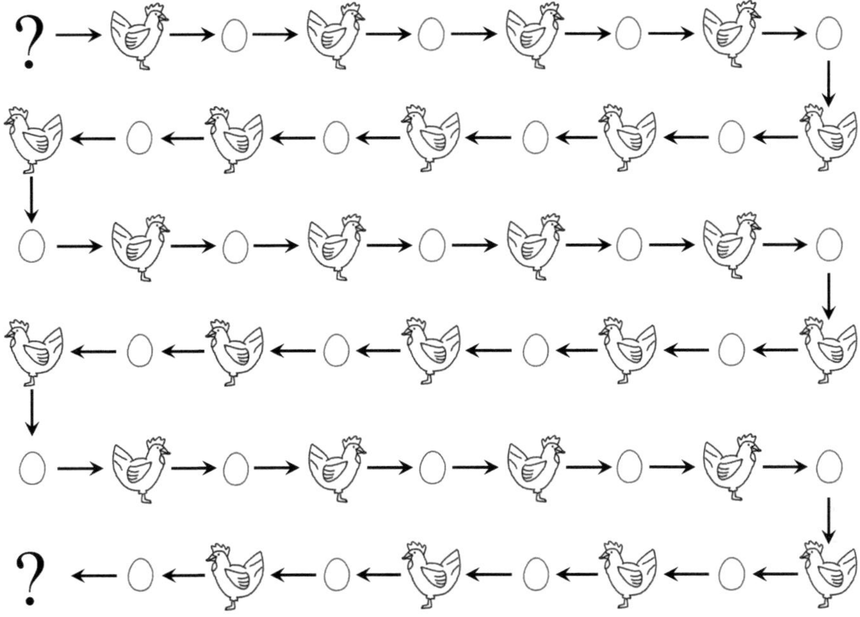

Abbildung 3: Henne oder Ei?
Lineale Ketten besitzen definierte Anfangs und Endpunkte. Sie erscheinen paradox, wenn die Festlegung von Anfang und Ende nicht eindeutig ist.

In der Unternehmensberatung hat man es nicht selten mit Menschen zu tun die von der Unausweichlichkeit der Kette ungünstiger Ereignisse derart überzeugt sind, dass ihre Interpretation in eine unauflösliche „Problemtrance“ (Schmidt 2005) führt. Ihr Problem besteht weniger im Verstehen des Problems, sondern in der Unmöglichkeit, vergangene Ereignisse nachträglich noch ändern zu können. In der Beratung werden in solchen Fällen verschiedene Methoden eingesetzt, wie das *Reframing*, das Disputieren angeblicher Unausweichlichkeiten, Aufzeigen von logischen Widersprüchen, Entlarven einer Deutung als eben nur einer Sichtweise unter vielen anderen, ebenfalls plausiblen (Be-)Deutungen.

Lineale Erklärungsmuster sind häufig zu einfach um „wahr“ zu sein. Ein gesundes Misstrauen gegenüber einfachen linealen Erklärungen ist daher durchaus angebracht. Der erste Schritt hin zu einer systemischen Betrachtung stellt Ursache-Wirkungs-Ketten infrage.

Einige Besonderheiten im Umgang mit linealen Systemen:

- Die Darstellung einer zeitlichen Abfolge von Ereignissen sollte nicht mit dem System verwechselt werden, welches diese Abfolge hervorbrachte.
- In linealen Sequenzen bestimmt allein die Zeit über die Abfolge der Elemente, so dass es aus logischen Gründen keine Feedbackschleifen geben kann.
- Lineale Berichte über Ereignisse erlauben die Identifikation von Auslösern für Probleme und thematisieren so automatisch die Schuldfrage. Der Anfang der linealen Kette ist die Ursache für die weitere Ereignisabfolge und damit „schuld“ an deren Verlauf.
- Lineale Ketten bieten „einfache“ Erklärungen. Beobachten Sie mal, wie in der Politik die Welt erklärt wird!
- Es ist nicht selten eine Machtfrage, wer darüber bestimmen kann, wo lineale Ereignisketten ihren Anfang nehmen.

Reflexionsfragen

- Kann man Probleme lösen, ohne die Ursachen für das Problem zu kennen?
- Ist der Trainerstab schuld, wenn die Mannschaft verliert?
- Was sagen Sie zu der Behauptung, dass Hierarchie und Weisungsbefugnisse vor allem dazu dienen festzulegen, wo ein Problem seine Ursache hat und wo nicht?

3.3 Teuflische Explosivität in Verstärkungsschleifen

Systemisches Denken beginnt dort, wo lineale Erklärungsmuster aufhören. Dazu genügt es, eine Rückkopplung zu berücksichtigen. Tatsächlich sind solche Rückkopplungen seit der Antike bekannt und wurden zuerst als Paradoxien und logische Widersprüche beschrieben. Das gilt auch für den sogenannten „Teufelskreis“, mit dem man gemeinhin eine sich beständig verstärkende Rückkopplung bezeichnet. Ursprünglich meinte Aristoteles (384–322 v. Chr.) in seiner *Analytica Priora* damit keine Systemdynamik, sondern einen logischen Fehlschluss, bei dem das, was bewiesen werden soll, bereits als Prämisse vorausgesetzt wird. Erst später wurde aus dem Teufelskreis der Logik eine Systemstruktur und -dynamik mit positivem Feedback.

Dabei ist mit „positiv“ keine Wertung gemeint, sondern die verstärkende Weitergabe eines Verhaltens. Das positive Feedback verstärkt einen Prozess unablässig und unabhängig davon, ob dieser Prozess als schlecht (alltagssprachlich: Teufelskreis) oder als gut bewertet wird (alltagssprachlich: Spirale des Glücks, Engelskreis). Mathematisch ist es sogar egal, ob die Bewegungsrichtung zu einer Erhöhung von Zahlenwerten oder zu einer Verringerung führt. Ein positives Feedback verstärkt eine Erhöhung, wenn diese vorliegt und würde auch eine Verringerung verstärken, wenn diese vorläge. „Positiv" meint eine „gleichgerichtete" Verstärkung. Im Gegensatz dazu bedeutet „negativ" eine „entgegengerichtete" Verstärkung (dazu ausführlicher im nächsten Kapitel).

Viele bekannte Phänomene lassen sich als positive Feedbackprozesse beschreiben. Die Rüstungsspirale des kalten Krieges oder ein Börsenboom ebenso wie ein Börsencrash lassen sich gut als solche Verstärkungsschleifen verstehen. Im positiven Feedback schaukelt sich ein Systemverhalten schnell dramatisch auf und Menschen neigen dazu, die Explosivkraft einer positiven Verstärkung zu unterschätzen. So soll der Kaiser von China den Bauern, der ihm im Schach bezwang, für einen bescheidenen Mann gehalten haben, als dieser nur ein Reiskorn auf dem ersten Schachfeld und dann von Feld zu Feld eine Verdopplung der Reiskörner als Lohn erbat. Was hier nach nicht sehr viel klingt, entpuppte sich schnell als unmöglich aufzubringende Reismenge. Amüsant ist auch die Frage nach dem Reichtum, den Jesus aufgehäuft hätte, wenn Josef zu seiner Geburt nur einen Cent zu 5 % Zinsen angelegt hätte. Im Jahr 33 wären das nur 5 Cent und nach 100 Jahren auch nur 131 Cent gewesen. Was liegt näher, als bei solch geringen Zahlen auch weiterhin von keinem großen Vermögenszuwachs für die folgenden Jahre auszugehen? Tatsächlich könnte man heute davon den Mond einige Billionen Mal mit Gold aufwiegen (Abbildung 4). Positives Feedback wird unterschätzt. Und sobald man allmählich realisiert, dass es problematisch wird, ist die Dynamik häufig nicht mehr aufzuhalten.

Auch die Verbreitung des Corona-Virus folgt – ohne drastisch einschränkende Maßnahmen – einem solchen exponentiellen Wachstum. Und diese exponentielle Explosivität kann sehr großes Unheil anrichten, sogar dann, wenn die Krankheit selbst gar nicht so gefährlich sein sollte. Dass im Falle von Corona zudem ein schwerer Verlauf mit letalem Ausgang möglich ist, verschärft das Problem. Aber selbst ein harmloser Schnupfen, der sich exponentiell wie eine Feuersbrunst in der Bevölkerung verbreitet, kann die Wirtschaft lahmlegen.

Die Unterschätzung des positiven Feedbacks liegt unter anderem darin begründet, dass sich diese Systeme nicht linear verhalten. Das wird sichtbar, wenn man am Beispiel des Josefs-Cents eine Kurve zeichnet, bei der von links nach rechts die Zeit vergeht und nach oben die Geldmenge eingetragen wird. Bis in die ersten einhundert Jahre hinein scheint sich die Geldmenge kaum zu verändern. Wer nicht genau hinsieht, kann die jährliche Steigerung sogar für konstant halten. Eine konstante Steigung heißt in der Mathematik „linear". Häufig sehen Entwicklungen in der belebten und unbelebten Natur linear aus, wenn man nur einen kurzen Zeitraum berücksichtigt und nicht allzu genau hinsieht. In den folgenden Jahrhunderten beschleunigt sich das Wachstum der

Geldmenge jedoch dramatisch und nimmt immer mehr an Fahrt auf. Tatsächlich wächst sie exponentiell, und weil das kein lineares (gleichbleibendes) Wachstum ist, spricht man von einer nichtlinearen Entwicklung. Positives Feedback führt sehr häufig zu nichtlinearen Entwicklungen, und es ist erkennbar problematisch, diese für linear zu halten. Überhaupt muss man davon ausgehen, dass Linearität in realen Systemen eher die Ausnahme als die Regel ist. Linearität stellt vielmehr einen extrem seltenen Spezialfall dar, der, wenn er denn vorliegt, Mathematikerinnen und Mathematiker erfreut, weil man leichter damit rechnen kann. Das verführt dazu, zumindest näherungsweise auch dort von linearen Entwicklungen auszugehen, wo eigentlich keine vorliegen.

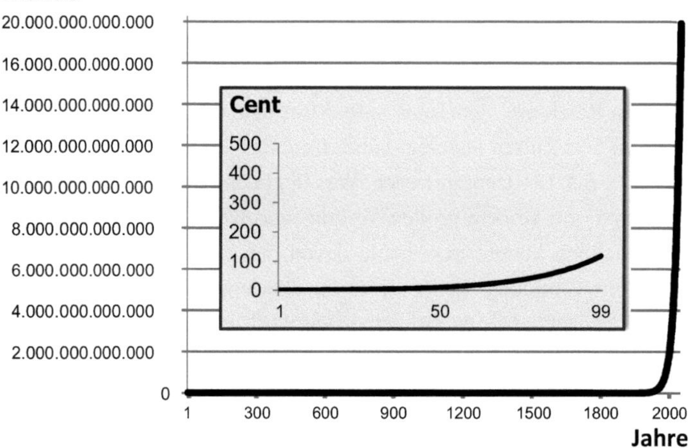

Abbildung 4: Josefs-Cent

Wenn Josef zu Jesu Geburt einen Cent zu fünf Prozent Zinsen angelegt hätte, könnte man von dem Geld im Jahr 2020 rund 20 Billionen Mal den Mond in Gold aufwiegen. In den ersten Jahren scheint jedoch kein merklicher Zuwachs erkennbar. Nach 100 Jahren sind nur 131 Cent zusammengekommen. Dafür steigt die Kurve später umso dramatischer.

Aus Systemen können nichtlineare Entwicklungen hervorgehen. Davon zu unterscheiden sind die Beziehungen zwischen den Variablen des Systems, die ebenfalls linearer, aber auch nichtlinearer Natur sein können. Leistungsanreize zum Beispiel müssen erst eine gewisse Schwelle überschreiten, um die Leistung zunächst allmählich und dann stärker zu steigern. Sie wirken kaum noch, sobald Leistungsgrenzen erreicht werden (vgl. dazu Kapitel 3.5, S. 48). Ein System, in dem nichtlineare Wechselwirkungen gelten, wird auch als *nichtlineares System* bezeichnet. Die Begriffe „Linearität" oder

„Nichtlinearität" beziehen sich hier auf die Art, wie die Größen eines Systems aufeinander Einfluss nehmen. Das ist nicht mit der ähnlich klingenden Unterscheidung zwischen „Linealität" und „Nichtlinealität" zu verwechseln. Diese bezieht sich nämlich auf die Struktur des Systems, die im Falle von Linealität kein Feedback besitzt.

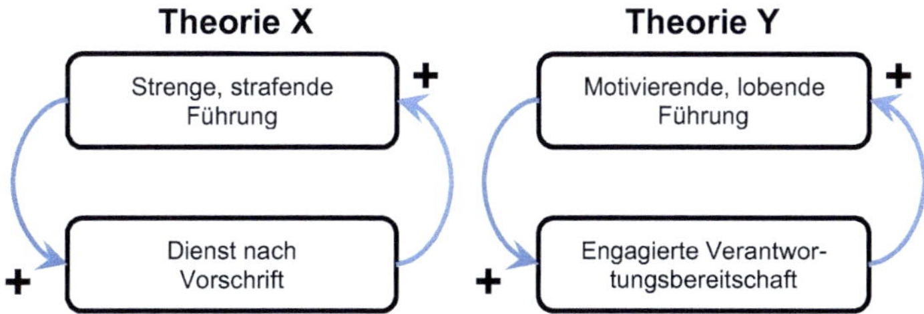

Abbildung 5: Selbstverstärkendes Feedback in Theorie X und Y
Ein einfaches positives Feedback kann erklären, warum Theorie X und Y jeweils nur das bestätigen, was sie vermuten. Die strengen und strafenden Führungskräfte der Theorie X erzeugen einen „Dienst nach Vorschrift", dem sie nur durch mehr Strenge begegnen zu können glauben. Mit anderem Inhalt kann für die Theorie Y der gleiche Verstärkungsprozess vermutet werden. Das Beispiel zeigt, wie das System das Verhalten hervorbringt und wie sich die einzelnen Elemente des Systems in die Logik einpassen. Es ist mehr die Dynamik des Systems, die das Geschehen bestimmt und weniger das Verhalten oder der Charakter einzelner Menschen (vgl. Kasper & Mühlbacher 2002, S. 140).

Insbesondere in der Kommunikationsforschung wurde ausführlich auf die Rolle von Teufelskreisen für Missverständnisse und gegenseitiges Unverständnis eingegangen. So zeigt Arist von Schlippe in seinem Buch über Konflikte in Familienunternehmen typische Kommunikationsmuster auf, die sich nicht selten als das Ergebnis positiver Feedbackprozesse darstellen lassen (von Schlippe 2014). Eine ausführliche Sammlung kommunikativer Teufelskreise findet sich bei Schulz von Thun (1989) und auch in der klassischen Managementlehre finden sich zahlreiche Beispiele. Eine der am meisten zitierten und gleichzeitig simpelsten Vorstellungen über das Management teilt Führungskräfte ein in solche mit der Theorie X und der Theorie Y (McGregor 1960). Führungskräfte hätten demnach entweder eine schlechte Meinung von den ihnen unterstellten Personen oder eine gute. Die mit der schlechten Meinung sehen sich umgeben von faulen und unmotivierten Menschen, die nichts anderes im Sinn hätten, als ihre Arbeitszeit zu verbummeln. Die positiv gestimmten Führungskräfte gehen vom Gegenteil aus, halten die Menschen für motiviert, fleißig und strebsam. Begegnet einem tatsächlich einmal eine Führungskraft, die sich als klar der einen oder anderen Gruppe zugehörig bekennt, dann fällt auf, dass sie die eigene Rolle bei dieser Zuschreibung von Eigenschaften in der Regel nicht reflektiert. Schreyögg (1990) verweist darauf, dass die Führungskraft, die andere für faul hält, mehr zu Kontrolle, strengen Anweisungen und wenig positiver Wertschätzung tendiert. Dass vielleicht genau dieses Führungsverhalten zur Demotivation und „Dienst nach Vorschrift" führt, könnte eigentlich geahnt werden, fällt den jeweiligen Führungskräften aber nicht auf, da sie nicht sich, sondern die anderen als Ursache für ihr Verhalten ansehen. Umgekehrt könnte ein positives, wertschätzendes und Freiräume gewährendes Führungsverhalten zu einem motivierten Verhalten aufseiten der Mitarbeiterinnen und Mitarbeiter führen. Beide Führungstypen bestätigen sich ihr Weltbild permanent selbst, denn genauso, wie sie in den Wald hineinrufen, schallt es hinaus. Und was für die Führungskraft gilt, stimmt auch für die Seite der Mitarbeiterinnen und Mitarbeiter: Auch diese finden ihr Weltbild bestätigt. Letztlich können beide Parteien für sich reklamieren, dass sie sich nur so verhielten, weil die jeweils andere Partei sich komplementär dazu verhält. Aus dieser systemischen Perspektive ist es nicht die Führungskraft, die negative oder positive Einstellungen in sich trägt oder die Mitarbeiterinnen bzw. Mitarbeiter, die faule oder fleißige Menschen sind. Es ist die Interaktion, das System, welches beide – Führungskraft und Mitarbeiterin bzw. Mitarbeiter – in die Rolle zwingt, die sie beide durch ihr aufeinander bezogenes Verhalten erst hervorbringen (Abbildung 5). Die Frage, ob am Teufelskreis aus Faulheit und Strenge oder am Engelskreis aus Fleiß und Anerkennung diese oder die andere Partei die „Schuld" trägt, ist aus dieser Perspektive als absurd abzulehnen. Da das Zusammenspiel der Feedbackprozesse das Verhalten hervorbringt und nicht das einzelne Systemelement, können dann auch nicht mehr einzelne Menschen als z. B. „narzisstisch gestört" oder als „arbeitsscheues Gesindel" verantwortlich gemacht werden. Die Zuweisung einer Schuld, die in der Persönlichkeit eines Menschen verankert sei, kann das Problem nicht lösen. Eine solche Zuweisung von Schuld entspricht nicht dem Wesen des im Kreis laufenden Prozesses. Diese Schlussfolgerung findet sich bereits in den Arbeiten von Watzlawick et al. (1969). Sie beschrieben schon in den 1960er-Jahren, dass Menschen dazu tendieren, kreiskausale kommunikative Prozesse so aufzubrechen, dass ein Anfang und ein Ende entstehen, bei dem jeweils das Gegenüber als schuldig erscheint. Dieses Aufbrechen der Kreiskausalität heißt bei ihnen „Interpunktion". Gleichzeitig betonen Watzlawick et al. den Beziehungsaspekt von Kommunikation und lenken damit die Aufmerksamkeit auf Fragen nach Macht und Ohnmacht. Trivialerweise wird sich die mächtigere Person mit ihrer Interpunktion durchsetzen – oder andersherum: Wer sich mit einer Interpunktion bzw. Interpretation durchsetzt, ist eben die mächtigere Person. Legitimiert wird die Beantwortung der Schuldfrage in kreiskausalen Prozessen nicht durch Beweise, sondern durch (Definitions-)Macht. Hierarchien in Organisationen verleihen diese Macht und ermöglichen es, Feedbacksysteme so darzustellen, als ob der eine oder die andere „angefangen“ hätten.

Fragt man in Managementseminaren die Teilnehmerinnen und Teilnehmer nach der „Schuld“ der beiden Parteien, bekommt man in der Regel aufgeklärte Antworten, etwa über die gleiche Beteiligung beider am Problem oder über die „Schuld des Systems“ als solches etc. Aber auch ein gewisses Unbehagen wird recht häufig sichtbar. Der Verzicht auf eine Schuldzuweisung erscheint als abstraktes „Gutmenschentum“ und wenig zutreffend für „echte“ Streitgespräche oder den Alltag als Führungskraft. Die Beteiligten an der in Abbildung 5 dargestellten Dynamik würden kaum so einsichtig sein. Vielmehr wäre zu vermuten, dass sie einander gegenseitig für schuldig hielten.

Dieser Widerspruch markiert bereits eine erste Wende in der Interpretation von Problemsituationen am Übergang von Ereignisfolgen ohne Feedback zu solchen mit Rückkopplungen. In einer lineal-geradlinigen Welt muss einer angefangen haben, damit die zeitliche Logik stimmt („Du hast angefangen!“ „Mama, der hat aber zuerst gehauen!“). In einer lineal-geradlinigen Welt gibt es Schuldige, weil eindeutig scheint, was Ursache und was Wirkung ist. Daher wurde diese Weltsicht oben als „einfach“ gekennzeichnet. Erkennt man die Kreiskausalität an, die durch eine Feedbackschleife eingeführt wird, kann keine einzelne Person mehr als schuldig identifiziert werden. Im systemischen Denken kann die Auflösung der „Schuldkategorie“ („Schuldzuweisungen bringen nichts!“) als Befreiung, aber auch als moralische Flucht („keiner trägt Schuld, keiner ist verantwortlich“) interpretiert werden.

Vor diesem Hintergrund ergeben sich zahlreiche Fragen für das Verständnis von Management, Hierarchie, Macht und der Zuschreibung von persönlichen Eigenschaften als Ursachen für das Verhalten von Menschen in Organisationen. Welche Machstrukturen und wie viel Definitionsmacht sind angemessen? Gibt es Mechanismen des Machtausgleichs? Wie angemessen sind Personalbeurteilungen? Sollten Arbeitsleistungen nicht eher systemisch als Gruppenleistungen eingeschätzt werden? Das Denken in Feedbackprozessen führt zu solchen Fragestellungen, auch dann, wenn positives Feedback selbst sich immer noch sehr vorhersehbar verhält.

Es ist einleuchtend, dass positives Feedback zwar eine Erweiterung der Linealität bedeutet, aber noch zu einfach ist, um auf viele reale Situationen zuzutreffen. Positives Feedback allein schaukelt sich beliebig hoch und in vielen Systemen gibt es Gegenbewegungen, die irgendwann greifen. Ansonsten würde das System explodieren und aufhören zu existieren. So viel Gold, das man Jesus heute auszahlen könnte, existiert schlichtweg nicht. Auf der Landkarte typischen Systemverhaltens kann man das positive Feedback mit einigem Recht als „einfach“ bezeichnen. Je nach konkreter Ausgestaltung mag mitunter auch eine gewisse „Kompliziertheit" feststellbar sein. Fest steht aber, dass es sich nicht um ein komplexes System handelt.

Einige Besonderheiten im Umgang mit positivem Feedback:

- Schuldzuweisungen bringen nichts.
- Positives Feedback wird häufig unterschätzt. Zunächst passiert wenig und ehe man sich versieht, ist es zu spät.
- Einige Entwicklungen sehen vielleicht auf den ersten Blick nach einem Teufelskreis aus, sind aber keine. Besonders lang andauernde Konfliktsituationen werden gern als Teufelskreise bezeichnet, wären aber längst explodiert, wenn es sich tatsächlich um solche handeln würde.

Reflexionsfragen

- Kann es Hierarchien ohne Macht geben?
- In den letzten Jahren ist viel über narzisstische Führungskräfte zu lesen gewesen. Wer stellt solche Diagnosen? Welche Rolle spielt hier die Macht?
- Ein eskalierender Streit ist vielleicht ein Teufelskreis, aber was ist mit einem Streit, der ewig währt? Was spricht hier für und was gegen ein „positives" Feedback?
- Kann es positives Feedback überhaupt geben?

3.4 Regelkreise: Systeme, in denen sich die Kräfte von selbst ausgleichen

Das Gegenteil des positiven Feedbacks ist die negative Rückkopplung. Obwohl diese auf den ersten Blick nicht viel komplizierter zu sein scheint, ist damit doch eine andere, qualitativ höhere Form menschlichen Denkens verbunden (Richter 1989). Der Ökonom Adam Smith (1723–1790) hatte seinen Zeitgenossen die Wirkweise des negativen Feedbacks noch als „unsichtbare Hand" nahebringen müssen (Smith 2004/1759, 2005/1776). Ihm war aufgefallen, dass es unmöglich ist, die Preise für ein Gut beliebig festzulegen. Ist es zu teuer, bleiben die Kundinnen und Kunden aus und man wird den Preis senken müssen, um nicht ohne Einnahmen dazustehen. Ist der Preis zu gering, ärgert man sich über die verschenkten Einnahmen, da die Kundinnen und Kunden auch bereit gewesen wären, mehr zu zahlen. In beiden Fällen reagiert man im nächsten Schritt jeweils intuitiv mit dem Gegenteil von dem, was zuvor geschah: einem geringen Preis folgt ein höherer, einem hohen ein geringerer, und im Verlauf der Zeit bildet sich ganz ohne die Planung einer einzelnen Person ein Preis heraus, der gegen äußere Einflüsse hochgradig stabil zu sein scheint. Diesen Gleichgewichtspreis meint Smith dort, wo er von der „unsichtbaren Hand" spricht. Und mit dem Verweis auf höhere ordnende Kräfte bemüht er sich bewusst um eine Darstellung, die die Selbstorganisationskräfte der Märkte mit einem göttlichen Plan in Verbindung bringt (vgl. Raphael 1991, S. 86). Es kommt einem Wunder gleich, dass sich Märkte selber regulieren und selbsttätig Ordnungsmuster ausbilden.

Die Idee vom negativen Feedback hat eine starke Verbreitung in wohl allen Wissenschaften gefunden und dominiert heute die ökonomische Forschung, aber auch zahlreiche andere Forschungsbereiche, etwa Teile der Medizin, der Biologie und der Informatik. Negatives Feedback kehrt eine Entwicklung in ihr Gegenteil um und bremst damit die Fliehkräfte, die in Teufelskreisen vorherrschen. Das berühmteste System mit negativem Feedback aus Menschenhand wurde in Dampfmaschinen realisiert und als „Governor", also als Steuermann bzw. -frau oder als Regler tituliert (Maxwell 1867/1868). Eine Zeit lang sah man im Governor sogar das Grundprinzip menschlichen Denkens und Handelns verwirklicht, quasi als Grundbaustein menschlicher Intelligenz, die man eben durch die Entdeckung des negativen Feedbacks endlich verstanden zu haben glaubte (z. B. Wiener 1948/2002). Der Governor regelt die Dampfzufuhr in einer Dampfmaschine ähnlich wie ein moderner Tempomat ein Auto immer gleich schnell fahren lässt. Erst dadurch war es möglich, die unterschiedlich starken Belastungen auszugleichen, denen eine Dampfmaschine im Betrieb unterworfen war. Der Siegeszug der durch Dampfmaschinen betriebenen Webstühle in Manchester (Manchesterkapitalismus) war erst auf Grundlage dieses mechanischen Regelmechanismus möglich. Das Prinzip ist einfach: Die unterschiedlich hohe Drehzahl der Dampfmaschine dreht den Governor unterschiedlich schnell. Dieser besteht aus zwei Kugeln, die durch die Drehbewegung Fliehkräften ausgesetzt werden (auf Deutsch wird der Governor daher als Fliehkraftregler bezeichnet). Die Fliehkräfte sind umso stärker, je schneller die Dampfmaschine dreht, und dies wird genutzt, um die Dampfzufuhr der Maschine zu regeln, und zwar jeweils mit negativem Vorzeichen: Dreht sich die Maschine sehr schnell, wird sie durch den Governor gedrosselt, läuft sie zu langsam, wird sie durch den Governor beschleunigt. Das Ergebnis ist eine insgesamt konstante Drehzahl. Negatives Feedback kann in Systemen zu einer sogenannten Homöostase führen. Das System gleicht externe Einflüsse aus und stabilisiert sich nach einer Verstörung selbstständig.

Im übertragenen Sinn können Kommunikationsstörungen als Prozesse mit negativem Feedback aufgefasst werden. Im Rahmen der kommunikationspsychologischen Ansätze von Watzlawick und anderen stand das Konzept der *Homöostase* daher im Zentrum der Beschreibung von typischen Interaktionsmustern (Watzlawick et al. 1969).

Jay Haley (ein bedeutender Psychotherapeut) z. B. schreibt: „Nimmt man an, dass Leute in bestehenden Beziehungen als ‚Regler' in der Beziehung zueinander funktionieren, und nimmt man einmal an, dass es die Funktion des Reglers ist, Veränderungen minimal zu halten, dann ergibt sich daraus der erste Grundsatz menschlicher Beziehungen: Wenn eine Person eine Veränderung in ihrer Beziehung zu einem anderen andeutet, wird sich der andere in einer Weise verhalten, die diese Veränderung so gering und so gemäßigt wie möglich halten soll" (zit. nach Kriz 1994, S. 247).

Das Gleichgewicht der Homöostase kann mit einem schmalen Boot verglichen werden. In dem Boot sitzt z. B. die Forschungs- und Entwicklungsabteilung eines IT-Unternehmens und wenn eines der Teammitglieder sich zu sehr auf einer Seite heraushängt (vielleicht einer der Programmierer, der andauernd verspätet zu Sitzungen erscheint), dann droht das Boot zu kippen. Die Teammitglieder werden versuchen, sich auf der anderen Seite des Bootes ebenfalls herauszuhängen, um die Katastrophe des Kenterns zu verhindern. Wenn aber alle darum bemüht sind, ein drohendes Kentern abzuwenden, wird produktives Arbeiten immer schwerer. Auch gelingt es nicht mehr, einzelne Personen verantwortlich zu machen, da alle eigentlich nur darum bemüht sind, das Boot über Wasser zu halten. Um das zu erreichen, können einige Verrenkungen nötig sein und die dabei auffällig werdenden Personen sollten für die insgesamt dysfunktionale Systemdynamik nicht verantwortlich gemacht werden. Aus solchen Modellvorstellungen heraus entwickelte die systemische Beratungspraxis ein gewisses Misstrauen gegen die Etikettierung einer Person als „gestört". Sichtbar werdende Symptome sind Ausdruck einer dysfunktionalen Interaktion im System der Arbeitsgruppe und sollten nicht als eine Eigenschaft einer das Symptom tragenden Person angesehen werden.

Die Grundidee des negativen Feedbacks wurde von Norbert Wiener 1948 mit der *Kybernetik* als einer der ersten quantitativ orientierten Systemtheorien vor der Komplexitätswende zusammengefasst. Der Titel des von ihm publizierten Standardwerks beschwört den Regelkreis und die Gültigkeit der Kybernetik in Maschinen und Tieren („*Cybernetics or Control and Communication in the Animal and the Machine*"). Den Menschen schließt er im Titel seines Buches nicht mit ein, verrät aber, dass er die Kybernetik auch hier für ein zentrales Grundprinzip hält:

> Kybernetik wurde als Begriff geprägt, um einen neuen Wissenschaftsbereich zu definieren. Unter einer einzigen Überschrift vereinigt er die Erforschung dessen, was im Zusammenhang mit dem Menschen manchmal etwas vage als Denken beschrieben wird und was auf technischem Gebiet als Steuerung und Kommunikation bekannt ist. Mit anderen Worten unternimmt die Kybernetik den Versuch, gemeinsame Elemente in der Funktionsweise

> automatischer Maschinen und des menschlichen Nervensystems aufzufinden und eine Theorie zu entwickeln, die den gesamten Bereich von Steuerung und Kommunikation in Maschinen und lebenden Organismen abdeckt. [...] „Kybernetik" ist von dem griechischen Ausdruck für Steuermann, *kybernetes*, abgeleitet. Von demselben Wort rührt, über die lateinische Korrumpierung *gubernator*, der Ausdruck *governor* her, welcher lange Zeit zur Bezeichnung eines bestimmten Regelmechanismus verwendet wurde [...]. Das Grundkonzept, welches [...] die Kybernetiker mit der Wahl des Begriffes zum Ausdruck bringen wollten, besteht in einem rückgekoppelten Regelungssystem. (Wiener 1948/2002, S. 15–29)

Die Funktionsweise eines kybernetischen Regelkreises beruht auf negativem Feedback, welches – wie bereits gesehen – die aktuelle Entwicklung im Systemverhalten ins Gegenteil umkehrt. So reagiert ein Kühlschrank auf Wärme mit Kälte und auf zu tiefe Temperaturen mit Wärme (er stellt sich zeitweilig ab) und regelt damit die Temperatur immer wieder auf das angestrebte Maß zurück. Auch wenn sich das auf den ersten Blick ganz einfach anhört, ist es doch nicht ganz leicht nachzuvollziehen. Dies soll im Folgenden am Beispiel der Arbeitszufriedenheit verdeutlicht werden.

Über das Konstrukt „Zufriedenheit" sind in der Arbeitspsychologie weit mehr Erkenntnisse gesammelt worden als in allen anderen Bereichen der modernen Psychologie. Schon Anfang des 20. Jahrhunderts kam es zu ersten Publikationen, damals im Rahmen der sog. Psychotechnik, der heutigen Arbeitspsychologie. Ein wichtiger Aspekt psychotechnischer Forschung war das Phänomen der Monotonie. Vom Standpunkt heutiger Zufriedenheitsforschung sind die Arbeiten von Hugo Münsterberg (1863–1916) als wegweisend anzusehen. Er schreibt 1912:

> Ich habe einige Zeit hindurch in jeder größeren Fabrik, die ich besuchte, mich bemüht, diejenige Arbeit herauszufinden, die vom Standpunkt des Außenstehenden als die denkbar langweiligste sich darbot, und habe dann die Arbeiter in ausführliche Gespräche gezogen und zu ermitteln gesucht, wieweit die bloße Wiederholung, besonders wo sie sich Jahre hindurch fortsetzt, als Pein empfunden wird. In einem elektrischen Werk mit über 10.000 Angestellten gewann ich den Eindruck, dass die Prämie einer Frau gehörte, welche seit zwölf Jahren tagaus, tagein von früh bis spät Glühlampen in einen Reklamezettel einwickelt, und zwar durchschnittlich diesen Wickelprozess 13.000 mal im Tage vollendete. Die Frau hat etwa 50 millionenmal mit der einen Hand nach der Glühbirne und mit der anderen Hand nach dem Zettelhaufen gegriffen und dann kunstgerecht die Verpackung besorgt. Jede einzelne Glühlampe verlangte etwa 20 Fingerbewegungen. Solange ich die Frau beobachtete, konnte sie 25 Lampen in 42 Sekunden einpacken, und nur wenige Male stieg die Zeit auf 44 Sekunden. Je 25 Lampen füllten eine

> Schachtel und durch die Schachtelpackung wurde dann auch wieder ein kurzer Zeitraum ausgefüllt. Die Frau war aus Deutschland gebürtig, und es machte ihr offenbar Vergnügen, sich mit mir über ihre Tätigkeit auszusprechen. Sie versicherte mir, dass sie die Arbeit wirklich interessant fände und fortwährend in Spannung sei, wieviel Schachteln sie bis zur nächsten Pause fertig stellen könnte. Vor allem gäbe es fortwährend Wechsel, einmal greife sie die Lampe, einmal das Papier nicht in genau gleicher Weise, manchmal liefe die Packung nicht ganz glatt ab, manchmal fühle sie selbst sich frischer, manchmal ginge es langsam vorwärts, aber es sei doch immer etwas zu bedenken.
>
> Gerade das war im Wesentlichen die Stimmung, die mir meistens entgegenkam. In den gewaltigen McCormick-Werken in Chicago suchte ich lange, bis ich die Arbeit fand, die mir am ödesten schien. Auch hier traf ich zufällig auf einen Deutsch-Amerikaner. Er hatte dafür zu sorgen, dass eine automatische Maschine beim Niederdrücken ein Loch in einen Metallstreifen schnitt, und zu dem Zweck hatte er immer neue Metallstreifen langsam vorwärts zu schieben. Nur wenn der Streifen nicht ganz die richtige Stellung erreicht hatte, konnte er durch einen Hebel die Bewegung ausschalten. Er machte täglich etwa 34.000 Bewegungen und führte das seit 14 Jahren durch. Auch er fand die Arbeit interessant und anregend. Im Anfang, meinte er, wäre es manchmal ermüdend gewesen, aber dann später wäre die Arbeit ihm immer lieber geworden.
>
> Nun habe ich auf der anderen Seite nicht selten auch Arbeiter und Arbeiterinnen gefunden, die, wie es dem Außenstehenden erscheinen musste, eigentlich wirklich interessante und abwechslungsreiche Arbeit hatten und die dennoch über die langweilige monotone Fabrikarbeit klagten. (Münsterberg 1912, S. 116 f.)

Die Beobachtung, dass Zufriedenheit sich mitunter kontraintuitiv verhält, kann man bei vielen Zufriedenheitsbefragungen in Unternehmen und von Konsumentinnen und Konsumenten bestätigen. Es scheint fast so, als ob die Einschätzung unabhängig sei von der tatsächlich erhaltenen Leistung oder den objektiv vorliegenden Arbeitsbedingungen. Wie kann das sein? Bruggemann et al. (1975) haben als Lösung für dieses Problem einen Regelkreis vorgeschlagen. Tatsächlich gibt es viele Studien, die eine solche Einschätzung zu belegen scheinen und es ist durchaus möglich, dass hier negative Feedback-Prozesse eine Rolle spielen.

Abbildung 6 zeigt ein einfaches System mit negativem Feedback. Zwei Variablen sind kreiskausal so verbunden, wie es in einem Regelkreis typischerweise der Fall ist. Ich möchte Sie einladen, sich Gedanken zu machen, welche zwei Variablen die Zufriedenheit so bestimmen, dass sie sich immer wieder auf einen fixen Wert einpendelt.

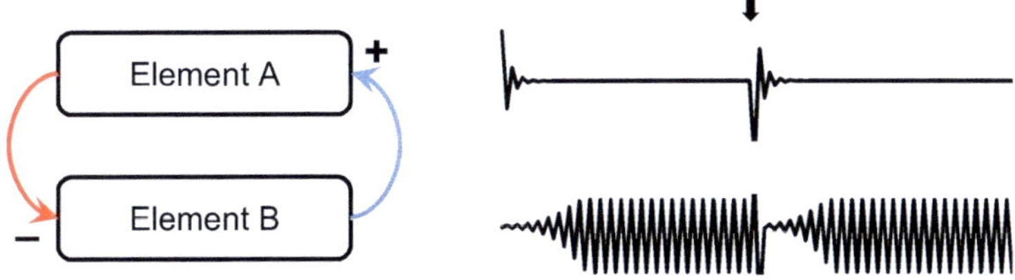

Abbildung 6: Regelkreis

Ein einfacher Regelkreis besteht aus einer kreiskausalen Beziehung zwischen zwei Variablen mit einer positiven und einer negativen Beeinflussung. Verfolgt man einen gesamten Kreislauf, so kehrt sich die Entwicklung um. Dabei spielt es keine Rolle, wo man startet. Zum Beispiel kann man bei B beginnen: Wenn B steigt, dann steigt auch A (positive Beziehung), wenn A dadurch steigt, sinkt B (negative Beziehung). B steigt zunächst und nach Vollendung einer kompletten Feedbackschleife sinkt es. Das Feedback ist daher insgesamt negativ. Wenn nun B sinkt, dann sinkt auch A (positive Beziehung), wenn A sinkt, dann steigt B (negative Beziehung). Erneut hat sich – durch das insgesamt negative Feedback – die Entwicklung umgekehrt. Im zeitlichen Verlauf entsteht also eine Schwingung. Diese nähert sich bei einem homöostatischen Regelkreis einem einzigen Wert an (obere Zeitreihe). Andere Systeme mit negativem Feedback bleiben in der Schwingung gefangen (untere Zeitreihe). Der schwarze Pfeil zeigt eine von außen kommende Intervention. Nach der Intervention nimmt der Regelkreis sein typisches Verhalten wieder auf. Bei größeren Systemen ist es nicht immer leicht zu prüfen, ob negatives Feedback vorliegt, denn aufeinanderfolgende negative Beziehungen zwischen Elementen können sich zu Plus addieren. Wären in der Abbildung beide Beziehungen negativ, dann wäre das Feedback insgesamt positiv: Minus und Minus wird zu Plus.

Welche Variablen lassen sich sinnvoll zu einem Zufriedenheitsmodell verknüpfen? Bitte beachten Sie, dass die obere Variable die untere negativ beeinflusst (linker Pfeil) und sich für den rechten Pfeil (von unten nach oben) eine positive Beeinflussung finden lassen muss, damit sich insgesamt ein stimmiger Regelkreis ergibt. Die Lösung des Rätsels ist nicht leicht und zeigt, wie ungewohnt das Denken mit negativem Feedback ist. Wenn Sie selbst auf die Lösung kommen wollen, lesen Sie erst dann weiter, wenn Sie sich für eine Benennung entschieden haben. Es gibt nicht nur eine Möglichkeit.

Die in der Literatur vertretene Auffassung (Bruggemann et al. 1975) geht davon aus, dass es sich bei der Zufriedenheit (egal womit) um einen Ist-Soll-Vergleich handelt. Es sind ihre Erwartungen, die Mitarbeiterinnen und Mitarbeiter mit den Erfahrungen am

Arbeitsplatz vergleichen. Erhalten sie mehr oder etwas Besseres als erwartet, dann sind sie kurzfristig zufrieden. Im umgekehrten Fall sind sie kurzfristig unzufrieden. Dass beide Zustände nicht von Dauer sind, liegt nun daran – so die Hypothese –, dass negatives Feedback die Erwartung verändert. Erhalte ich mehr als erwartet, werde ich auch meine Erwartungen heraufsetzen. Das, was mich gestern noch befriedigte, genügt mir dann heute schon nicht mehr. Das kennen wir von Goethes Dr. Faust, der nach jedem noch so angenehmen Genuss nach mehr verlangt und sich kennt und daher weiß, dass er zu einem Augenblicke niemals wird sagen können: „Verweile doch, du bist so schön“. Immer wird er mehr wollen und seine Erwartungen heraufsetzen.

Negatives Feedback funktioniert aber auch andersherum. Erhält man weniger oder Schlechteres, als man sich erhoffte, so kann auch hier eine Anpassung der Erwartungen erfolgen. So kann der Verlust der Arbeit und die zermürbende Suche nach einer neuen Anstellung dazu führen, die Erwartungen zu senken und bereits mit einem weniger gut bezahlten und weniger interessanten Job zufrieden zu sein. Wie also könnte man die Variablen des Systemmodells in Abbildung 6 benennen? Es funktioniert mit oben „Anspruchsniveau“ und unten „Zufriedenheit“, aber es geht auch anders.

Negatives Feedback führt fast immer zur Ausbildung eines stabilen Gleichgewichts. Dieses Gleichgewicht ist so stabil, dass Veränderungen in der Umwelt vom System kompensiert werden. Das System tendiert dann dazu, bei äußeren Verstörungen sein bevorzugtes Verhalten zu „verteidigen“. Man bezeichnet dieses bevorzugte Verhalten auch als *Attraktor* und betont damit die Attraktivität des Verhaltensmusters. Tatsächlich ist negatives Feedback nicht nur dazu in der Lage, einen Fixpunkt – einen homöostatischen Sollwert – zu verwirklichen. Ist das negative Feedback sehr stark, kann es geschehen, dass das System über das Ziel hinausschießt und die dann einsetzende Gegenbewegung erneut, aber jetzt in die andere Richtung über das Ziel hinausgeht. Ein solches eher „übermütiges“ negatives Feedback kann in eine stabile Schwingung führen. Pendeluhren und mechanische Armbanduhren mit Unruh nutzen dieses Prinzip. Der Attraktor ist in einem solchen System nicht ein Fixpunkt, sondern ein Zyklus.

Negatives Feedback kann also zwei Typen von Attraktoren hervorbringen und es ist eine Frage der Energie, mit der das System prozessiert, die über die Attraktoren entscheidet (dazu später mehr). Sehr anschaulich wird das Phänomen des Attraktors, wenn man sich das System als Kugel in einer aus Bergen und Tälern gezeichneten Potenziallandschaft vorstellt (Abbildung 7). Die Kugel wird bei äußeren Verstörungen immer wieder bestrebt sein, den tiefsten Punkt des Tals einzunehmen. Freiwillig verbleibt sie nicht auf Bergen und kippt unweigerlich in eines der Täler, sobald man versucht, sie auf dem Gipfel einer Erhebung zu balancieren.

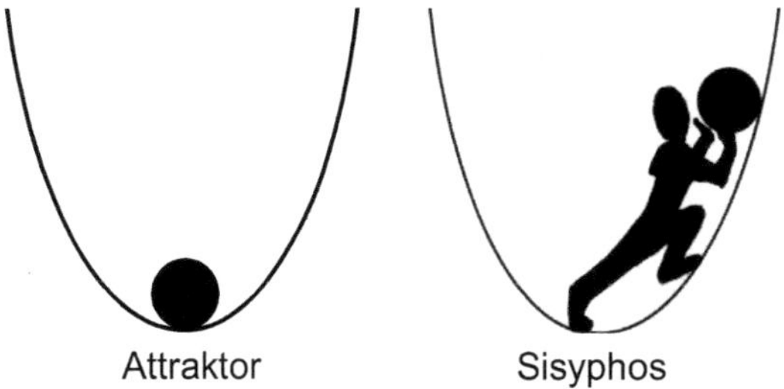

Abbildung 7: Potenziallandschaft
In einer Potenziallandschaftsdarstellung zeigt eine Kugel den Aufenthaltsort des Systems an. Dieser ist durch die Landschaft begrenzt, die mit tiefen Tälern beliebte und mit steilen Hängen unbeliebte Systemzustände repräsentiert. In der Abbildung ist eine sehr einfache Potenziallandschaft gezeigt, die nur einen Aufenthaltsort kennt. Es kann aber auch Landschaften mit mehreren möglichen Attraktoren geben. Aus der Landschaft kann man nicht ersehen, welches konkrete Verhalten das System im Attraktor zeigt. Metaphorisch gesprochen kann der tiefste Punkt z. B. ein unglaublich erfolgreiches Geschäftsmodell, ein Suchtverhalten, eine große Liebe etc. darstellen. Die Abbildung rechts spinnt die Metapher weiter und zeigt eine kraftraubende Möglichkeit, ein System zu beeinflussen (rechte Abbildung aus: Strunk & Schiepek 2006). Kugelschieben führt häufig nicht aus dem Problem heraus.

Der Begriff des Attrakors, wie er im negativen Feedback erstmals auftritt, ist eine starke Metapher. So heißt es etwa in der Lehre von der Herrschaft der Natur, dem Physiokratismus, die von François Quesnay (1694–1774) entwickelt wurde, dass ein guter Regent oder eine gute Regentin am besten gar nicht regiert und alles den Naturgesetzen überlässt, sodass sich das wohlgeordnete Gleichgewicht der Natur am besten entfalten kann. Auch verwundert es nicht, wenn sich das stabile Gleichgewicht als Begründung für den „freien Markt" bei Adam Smith (1723–1790) wiederfindet, der schreibt, dass sich mit dem Verzicht auf alle staatlichen Begünstigungs- und Beschränkungssysteme „das klare und einfache System der natürlichen Freiheit von selbst" herstellt (Smith 2005/1776).

Die Metapher der Potenziallandschaft (Abbildung 7) illustriert, wie ein krisengeschütteltes Unternehmen in einem dysfunktionalen Muster – eben dem Attraktor – gefangen bleiben kann, auch wenn eine Unternehmensberatung zahlreiche Impulse für Veränderungen liefert. Irgendwie führen die negativen Feedbackprozesse dieser Problemsysteme immer wieder zurück ins unproduktive und mitunter zerstörerische Verhaltensmuster. Die Metapher – so gut sie auch auf den ersten Blick zu passen scheint – hinkt jedoch, wenn man sich darauf besinnt, dass Regelkreise nur sehr einfache Verhaltensmuster (Fixpunkt und Schwingung) hervorbringen können. Das Verhalten eines kriselnden Unternehmens kann demgegenüber als weitaus komplexer angesehen werden. Noch etwas anderes erscheint problematisch an der Metapher: Sie enthält noch keinen Ausweg, keine Lösung des Problems. Wie kann es gelingen, ein System daran zu hindern, in ein attraktives, aber unheilvolles Muster zurückzufallen? Beide Argumente sind Gründe dafür, dass wir hier noch keineswegs am Ende unserer Reise ins Komplexe angelangt sind.

Einige Besonderheiten im Umgang mit negativem Feedback:

- Die Ausbildung stabiler Attraktoren ist eine eigenständige Leistung des Systems. Nicht äußere Anweisungen oder Interventionen sorgen für das Verhalten des Systems, vielmehr wählt es selbst sein bevorzugtes Verhaltensmuster.
- Die Steuerung solcher Systeme ist daher von außen kaum möglich. Direkte Interventionen führen nicht selten dazu, dass das System heftig zurückschlägt.
- Einige Autorinnen und Autoren haben daher geschlussfolgert, dass man solche Systeme am besten in Ruhe lässt. Das natürliche Gleichgewicht der Kräfte bilde sich ohnehin von selbst aus.
- Tatsächlich können Selbstorganisationsprozesse – wie sie in Regelkreisen auftreten – aber auch beeinflusst werden. Dazu ist eine Veränderung der Potenziallandschaft nötig. Dazu unten mehr.

Reflexionsfragen

- Wo erleben Sie Stabilität? Kann es sich dabei um einen Regelkreis handeln?
- Was hält Ihrer Meinung nach stabile Muster aufrecht? Was könnte sie destabilisieren?
- Soziale Netzwerke im Internet, aber auch Suchmaschinen präsentieren Menschen die Informationen, die ihnen am besten gefallen. Dieser Regelkreis wird *Bubble* genannt. Was tun Sie, um aus Ihrer *Bubble* herauszutreten?

3.5 Wenn das Vorzeichen wechselt – nichtlineares Feedback

Grundsätzlich sind mit dem positiven und dem negativen Feedback beide Spielarten der Rückkopplung vollständig beschrieben. Während das positive zur Explosion führt, beharrt das negative im gewählten Attraktor. Komplizierter werden die Systeme, wenn die Beziehung zwischen zwei Variablen wechselt, etwa bei sogenannten U-Funktionen oder umgekehrten U-Funktionen, die so: ∩ verlaufen. Bei den umgekehrten U-Funktionen handelt es sich um Optimum-Kurven: Zunächst überwiegt ein positives Feedback, bis ein Optimum erreicht wird, ab dem es in ein negatives Feedback umschlägt. Ein Beispiel dafür wäre der Neuigkeitsgehalt einer Kommunikation. Möchte man jemanden zu einer neuen Sichtweise einladen, dann muss diese Einladung verlockend wirken und hinreichend neu sein, damit auch ein Aha-Erlebnis eintritt und eine „neue" Einsicht angeregt wird. Übersteigt der „Neuigkeitswert" jedoch ein Optimum, dann verliert man den Kontakt; das Gegenüber kann nicht mehr folgen und seine oder ihre Bereitschaft, sich auf eine neue Einsicht einzulassen, sinkt (man spricht hier auch von der sogenannten „Anschlussfähigkeit" einer Kommunikation, Luhmann 1984).

Solche U-Kurven, aber auch andere denkbare Zusammenhänge können dazu führen, dass sich Problemdynamiken in Systemen plötzlich verändern, obwohl zunächst keine Ursache dafür ausgemacht werden kann. Aber trotz diskontinuierlicher Wechsel des Vorzeichens, die es in Feedbackprozessen geben kann, bleibt es bei den zwei prinzipiellen Möglichkeiten für Feedbackprozesse, nämlich positiv und negativ. In der grafischen Darstellung von Systemen kann man außer einem + oder − neben den Pfeilen auch U-Kurven oder andere nichtlineare Wechselwirkungen vermerken. Die Systemmodelle werden dadurch realitätsnäher, aber auch komplizierter. Abbildung 8 gibt einige Beispiele für solche nichtlineare Wechselwirkungen zwischen Systemelementen bzw. Variablen.

Systeme, die allein über lineare Wechselwirkungen verfügen, können sich unmöglich komplex verhalten. Es ist völlig unerheblich, wie groß ein solches lineares System ist oder über wie viele Wechselwirkungsbeziehungen es verfügt, die Verhaltensweisen, die sich damit beschreiben lassen, bleiben auf simple Prozesse beschränkt. Ein lineares System kann niemals komplex werden. Das ist eine interessante Erkenntnis und hat dazu geführt, dass man die Nichtlinearität zum zentralen Baustein der Komplexität erklärte. Nichtlineare Systeme seien per se komplexe Systeme, heißt es in zahlreichen Studien oder im umgangssprachlichen Wortgebrauch. Nichtlinearität und Komplexität werden hier gleichgesetzt. Das greift aber zu kurz und mitunter wird der Begriff der Nichtlinearität auch etwas nachlässig und zu großzügig verwendet.

Wichtig ist es, die Rückkopplung eines Feedbacksystems nicht mit Nichtlinearität zu verwechseln. Denn das Feedback bezeichnet den Aufbau und die Struktur eines Systems, wohingegen die Nichtlinearität die konkrete mathematische Beziehung zwischen zwei Variablen betrifft. Das eine hat mit dem anderen nichts zu tun. Daher sprechen wir beim Feedback auch von Nichtlinealität und nicht von Nichtlinearität.

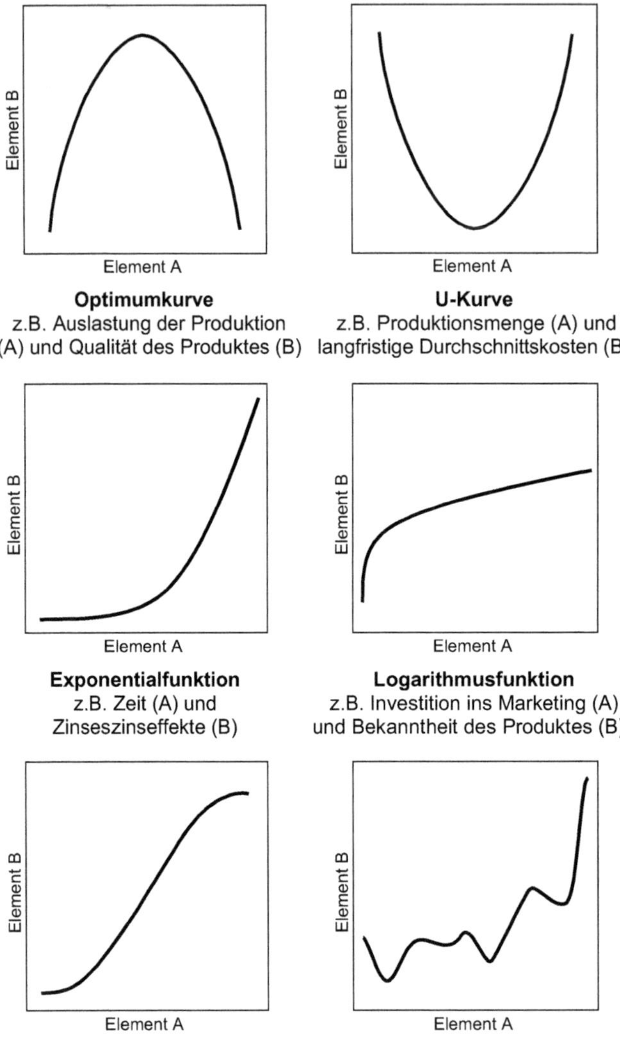

Abbildung 8: Prototypische nichtlineare Kurvenverläufe

Die Grundbausteine realer Systeme sind nur selten als saubere lineare Beziehungen beschreibbar. Die Abbildung zeigt beispielhaft verschiedene prototypische nichtlineare Kurvenverläufe.

Ein anderes Missverständnis über den nichtlinearen Charakter eines Systems kann sich durch die Betrachtung seiner zeitlichen Entwicklung ergeben. Das oben vorgestellte Beispiel vom Josefs-Cent führt durch die Berücksichtigung des Zinseszins zu einer nichtlinearen, genauer einer exponentiellen, zeitlichen Entwicklung, obwohl die Berechnung jeder einzelnen Zeitperiode mittels einer simplen linearen Gleichung erfolgt. Die widerholte Anwendung einer linearen Gleichung kann eine exponentielle Entwicklung hervorbringen, aber das System dahinter bleibt ein lineares System. Man sollte also nicht vorschnell jeden exponentiellen Verlauf als Zeichen für ein nichtlineares System interpretieren und damit automatisch auf Komplexität schließen. Von nichtlinearen Systemen sprechen wir dann, wenn die Beziehungen zwischen den Variablen nicht mehr mit einer linearen Gleichung dargestellt werden können.

Dennoch hat man das über Jahrhunderte gern so gemacht, denn lineare Gleichungen lassen sich leicht ausrechnen und erlauben viele Abkürzungen in den Rechenwegen. Gern sprach man davon, dass man diesen oder jenen Fall in guter Näherung auch linear beschreiben könne und dass man damit Zeit und Mühe sparen könne. Die Berechnung von nichtlinearen Modellen wurde tatsächlich erst durch den Einsatz von Computern praktikabel. Dabei entdeckte man, dass einige (längst nicht alle) nichtlinearen Systeme sich komplex verhalten können.

Die Beschränkung linearer Modelle war in der Ökonomie schon früh aufgefallen. Zunächst hatte man versucht, ökonomische Prozesse verbal zu beschreiben. Aber die theoretischen und empirischen Grundlagen dieser Bemühungen waren vage und nur schwer prüfbar. Dies hat sich dramatisch verändert, als in den 1930er-Jahren erste mathematische Modelle für die Ökonomie vorgeschlagen wurden Dabei kamen lineare Gleichungssysteme zum Einsatz. Bahnbrechend waren die Arbeiten von Ragnar Frisch (1895–1973), der sich ambitionierte Ziele setzte. Es ging ihm darum, ein vollständig deterministisches makroökonomisches Modell zu entwickeln, welches er „*Tableau Économique*“ nannte (vgl. Keen 1997, S. 152) und mit dem er quasi eine umfassende Abbildung der Ökonomie in Gleichungen anstrebte. Aber entgegen seiner ursprünglichen Zielvorstellung gelingt ihm zunächst nur die Formulierung eines recht einfachen Gleichungssystems. Mit seiner Herangehensweise an ökonomische Problemstellungen begründet er jedoch eine moderne, auf Mathematik beruhende Ökonomie. Einen starken Dämpfer erhielten die Bemühungen, als sich bald nach der Einführung mathematisch formalisierter Systeme in der Ökonomie in den 1930er-Jahren (z. B. Frisch 1933, Lundberg 1937, Samuelson 1939) zeigte, dass beliebig komplizierte lineare Gleichungen qualitativ betrachtet nur vier verschiedene Verhaltensweisen hervorbringen können: (1) Einschwingen auf einen Fixpunkt, (2) oszillierende Explosion, (3) stabile Oszillation, (4) Explosion ohne Oszillation. Damit können insgesamt gesehen kaum reale ökonomische Prozesse abgebildet werden. Diese verhalten sich in der Regel wilder und ungezügelter. Sie zeigen nur selten ein triviales explosives Wachstum oder eine einfache Homöostase.

Einige Besonderheiten im Umgang mit nichtlinearem Feedback:

- Diskontinuierlich erscheinende Feedbackprozesse sind häufig dennoch das Ergebnis einer einheitlichen Gesetzmäßigkeit. So ist die Umkehr des Vorzeichens bei U-Kurven mathematisch leicht mit einer einfachen Parabel-Gleichung darstellbar.
- Typische Modellvorstellungen der Statistik sind bis heute linear. Das heißt, dass in vielen Bereichen der Ökonomie nach wie vor mit linearen Modellen gerechnet wird, weil dafür statistische Methoden vorliegen und nicht, weil die Prozesse tatsächlich linear sind.
- Die Welt ist nichtlinear. Die Linearität ist eine Erfindung der Mathematik zur Vereinfachung von Berechnungen. In der Realität ist Linearität selten nachweisbar.

Reflexionsfragen

- Kennen Sie Grenzen des Wachstums, bei denen nach einer Phase des Aufschwungs Stabilität eintritt und nichts mehr zu helfen scheint, um das Wachstum zu halten? Input und Output scheinen hier nichtlinear zusammenzuhängen (siehe dazu auch unten).
- Fallen Ihnen zu den Kurven in Abbildung 8 noch andere Beispiele ein?
- Können Sie Zusammenhänge benennen, die sicher „nur“ linearer Natur sind?

3.6 Von schnellen und langsamen Prozessen

Die grafische Darstellung von Systemen als aus Elementen und Beziehungen zwischen den Elementen bestehend lässt mitunter vergessen, dass Zeit vergeht, während eine Variable auf eine andere Einfluss nimmt. Unterschiedliche Geschwindigkeiten können hier zu Fehleinschätzungen führen. Auf Verzögerungen reagieren Menschen in der Regel mit Ungeduld und es entsteht die Gefahr einer Übersteuerung des Systems. Sie wollen gern schneller mehr erreichen und strengen sich mehr an, als gut wäre oder greifen zu immer drastischeren Mitteln, weil die Verzögerung den Eindruck erweckt, als bliebe die Wirkung aus.

Ein klassisches Beispiel für solche Verzögerungseffekte und unseren Umgang damit stellt der Versuch dar, die Wassertemperatur einer uns unbekannten Dusche richtig einzustellen. Kommt das heiße Wasser erst verzögert, etwa in einem alten Hotel, dann drehen wir ganz automatisch mehr davon auf als nötig. Bleibt es auch dann noch aus, greifen wir nicht selten erneut zum Wasserhahn, um noch einmal weiter aufzudrehen. Das Spiel kann sich bei einer langen Verzögerung häufig wiederholen, bis plötzlich viel zu heißes Wasser aus der Dusche kommt und wir schnell und ebenfalls zu stark das kalte Wasser hinzugeben. Erst nach viel Hin und Her stimmt dann die Temperatur. Bleibt die erhoffte Wirkung aus, neigen Menschen zur Übersteuerung des Systems. So lässt sich auch das Entstehen eines Überlastungsstaus auf der Autobahn erklären. Bei hohem Verkehrsaufkommen und zu dichtem Auffahren genügt ein kurzes Aufblinken des Bremslichtes, um wenige Fahrzeuge später einen Stillstand hervorzurufen. Die Schrecksekunde verzögert die Reaktion und das wird ausgeglichen durch ein kräftigeres Bremsen.

Auch im Handel sind solche Effekte für Liefer-Distributions-Ketten seit Langem bekannt. Der berühmte *Bullwhip*-Effekt (Forrester 1961) beschreibt, wie es im Einzelhandel durch Verzögerungen zu überschießenden Reaktionen kommt. Zur Simulation dieses Phänomens gibt es sogar ein Management Spiel mit dem Namen „Bier-*Game*“ (vgl. Senge 1996). Hier wird Bier im Rahmen einer Liefer-Distributions-Kette aus Einzelhandel, Großhandel, Verteiler und Brauerei an die Spielleiterinnen und Spielleiter als Kunden verkauft. Der Lagerstand soll optimiert werden und Lieferschwierigkeiten sind mit schlimmen Konsequenzen bedroht. Aber auch die Lagerhalten kostet Geld. Es genügt, dass die Kundschaft einmalig die Bestellung unwesentlich erhöht und eine Lawine an Aktivitäten setzt ein. Der Einzelhandel hat nicht genügend Bier lagernd und gerät in Panik. Die Bestellung beim Großhandel wird dadurch höher als nötig, was auch diesen in arge Bedrängnis führt. Schnell wird von diesem eine Großbestellung an den Verteiler weitergereicht. Die Brauerei ist nicht selten völlig überrascht und muss erst mühsam die Produktionsziele erhöhen. Das alles dauert. Und während das Bier erst gebraut werden muss, wartet der Einzelhandel auf die erhoffte Lieferung. Zur Sicherheit wird dann gern noch einmal nachbestellt und die Lawine kommt erneut ins Rutschen. Es kann einige Spielrunden dauern, bis das insgesamt bestellte Bier auch gebraut und ausgeliefert ist. Nicht selten wurde aus Panik die gesamte Zeit über nachbestellt. Aber irgendwann ist das bestellte Bier da und es stellt sich heraus, dass es insgesamt zu viel ist. In den nächsten Runden bleibt der Handel auf dem Bier sitzen und bestellt gar nichts mehr. Bis zur nächsten Lawine – die in der Literatur als Peitschenknall-Effekt bezeichnet wird (bereits Forrester 1961). Die schnelle Rückmeldung des Lieferstatus über die gesamte Lieferkette hinweg und der Versuch, die Ruhe zu bewahren, kann denn Effekt abmildern. Bei Verzögerungen ist „Ruhe bewahren“ die oberste Regel.

Einige Systemwissenschaftlerinnen und -wissenschaftler markieren die Pfeile ihrer Systemdiagramme mit Sanduhren, wenn sie andeuten wollen, dass dort Zeitverzögerungen vorliegen. Auch verschieden dicke bzw. dünne Pfeile können Unterschiede in der Systemgeschwindigkeit andeuten.

Einige Besonderheiten im Umgang mit unterschiedlich schnellen Feedbackprozessen:

- Der Umgang mit unterschiedlich schnellen Prozessen in Systemen ist nicht leicht zu erlernen.
- Man hüte sich vor Ungeduld. Einige Systemprozesse sind von Natur aus langsamer als andere. Ein Zuviel an Interventionen kann das Problem verschlimmern.
- Unterschiedliche Geschwindigkeiten sind keine grundsätzlich neuen Eigenschaften von Systemen, sondern zeigen nur an, wie schnell die Veränderung einer Variablen bei einer anderen eine merkbare Reaktion hervorruft.

Reflexionsfragen

- Sind Sie ein ungeduldiger Mensch?
- Was bringt Sie auf die Palme?
- Was hilft Ihnen, die Ruhe zu bewahren?

3.7 Ist das Ganze die Summe seiner Teile?

Die bisherige Darstellung zielte darauf ab, die kybernetischen Bauelemente von Systemen zu beschreiben. Die Elemente eines Systems können durch positives oder negatives Feedback aufeinander Einfluss nehmen. Die Einflussrichtung kann sich durch nichtlineare Wirkungen wie U-Funktionen oder umgekehrte U-Funktionen umdrehen und Verzögerungen können leicht zu Ungeduld und Übersteuerung führen.

Der Umgang mit Systemen kann zudem erschwert sein durch die Unterschätzung des exponentiellen Wachstums (positives Feedback) oder durch stabilisierende Kräfte des Systems, die zurück in einen bestehenden Attraktor drängen (negatives Feedback). Aber weder positives noch negatives Feedback kann als komplex bezeichnet werden. Daran ändert auch die Berücksichtigung von Verzögerungen und Nichtlinearitäten wenig. Die Bausteine, aus denen Systeme zusammengesetzt sein können, verhalten sich jeweils für sich betrachtet entweder einfach oder kompliziert, aber niemals komplex.

Diese Feststellung verleitet zu dem Fehlschluss, dass sich daran nichts ändert, wenn man die einzeln Bausteine zu einem größeren Ganzen zusammenfügt. Tatsächlich kann man aus positiven und negativen Feedbackschleifen Systeme zusammensetzen, die sich insgesamt entweder als Regelkreise oder als Teufelskreise verhalten. Es kann aber auch geschehen, dass in Systemen mit *gemischtem Feedback* ganz neue, vorher für unmöglich gehaltene Verhaltensmuster auftreten, die mit Fug und Recht als *komplex* bezeichnet werden können (an der Heiden & Mackey 1987).

Die Trennlinie zwischen komplizierten und komplexen Systemen besteht also gar nicht in unterschiedlichen Grundbausteinen. Die Trennlinie existiert mehr im Kopf der Wissenschaftlerinnen und Wissenschaftler, die nicht damit rechnen, dass die Summe solcher Bausteine etwas qualitativ vollkommen anderes ergeben kann als es die einzelnen Bausteine erahnen lassen (zur Emergenz von Komplexität siehe Strunk 2006a). Triviale Ordnung plus triviale Ordnung ergibt vielfach nicht wieder triviale oder allenfalls komplizierte Ordnung, sie kann stattdessen Chaos, unglaubliche Vielfalt und Komplexität erzeugen. Und dafür genügen bereits wenige einfache Grundbausteine.

Für Henri Poincaré (1890) war das eine unglaubliche Entdeckung, die ihn als Mathematiker sicher beunruhigt haben wird. Aber seine Ergebnisse wurden wenig beachtet. Es sollte noch rund 70 Jahre dauern, bis die Zeit reif für das „deterministische Chaos" war und die Komplexität noch einmal neu erfunden wurde – von dem Meteorologen Edward Lorenz im Jahr 1963.

Nicht alle Systemtheorien haben den Sprung in die Komplexität vollzogen. Es wurde bereits deutlich, dass man viel Sinnvolles über den Umgang mit Systemen lernen kann, wenn man sich mit ihren einfachen kybernetischen Grundbausteinen beschäftigt. Die klassische Kybernetik hilft heute noch bei der Klärung aktueller wissenschaftlicher Rätsel. Daher soll im nächsten Kapitel gezeigt werden, wie die bisher vorgestellten Systembausteine im Rahmen einer einfachen bzw. komplizierten Problemanalyse praxistauglich eingesetzt werden können. Denn obwohl das Chaos noch einige Herausforderungen bereithält, sollte man nicht vergessen, dass es in der Welt auch einfache Probleme gibt. Schließlich werden wir jedoch trotz des Nutzens vorkomplexer Theorieansätze festzustellen haben, dass da noch ein weißer Fleck auf der Landkarte bleibt, den es in den folgenden Kapiteln zu erforschen gilt.

3.8 Systemdenken – Denken in Zusammenhängen

Die systemwissenschaftliche Perspektive ermöglicht auch dann einen frischen Blick auf bisher schwer verstehbare Phänomene, wenn sie auf einfache oder komplizierte Verhaltensweisen beschränkt bleibt. Die bisher dargestellten Grundbausteine der systemwissenschaftlichen Modellbildung führen bereits zu einigen interessanten Folgerungen:

1. *Sei skeptisch gegenüber lineal geradlinigen Erklärungen.* Das Fehlen von Feedback ist häufig unrealistisch und nur ein Kunstgriff, um Ereignisfolgen

als alternativlos, zwingend, unausweichlich darzustellen. Lineale Beschreibungen suchen nach Ursachen und dienen Schuldzuweisungen.

2. *Akzeptiere Kreiskausalität und Feedback.* In kreiskausalen Prozessen wird die Frage nach Ursachen und Schuld kontraproduktiv. Schuldzuweisungen bringen nichts. Aber damit geht auch die Möglichkeit verloren, Sündenböcke aus dem Dorf zu jagen. Die Definition eines Systems als kreiskausal oder als lineale Kette ist nicht selten eine Frage der Definitionsmacht.

3. *Unterschätze positives Feedback nicht.* Positives Feedback explodiert, aber es versteckt sich zunächst hinter einer gemäßigten Entwicklung. Wenn Menschen ihre Lebenszusammenhänge als Teufelskreis beschreiben, ist Vorsicht geboten.

4. *Vermeide den Kampf gegen Windmühlen.* Negatives Feedback kann in sehr stabile Muster führen. Versuche, eine Kugel (das Systemverhalten) aus einer tiefen Potenzialmulde herauszuhieven, können dramatisch scheitern. Burnout entsteht nicht selten als Folge von Kämpfen gegen Windmühlen, die sich nicht gewinnen lassen, weil das System stärker ist. Veränderungen in komplexen Systemen können selten durch das Schieben der Kugel erreicht werden, sie erfordern stattdessen die Potenziallandschaft zu verändern. Hinweise dazu, wie das gehen kann, finden sich später in den Kapiteln über wirklich komplexe Systeme.

5. *Sei behutsam im Umgang mit Systemen.* Verzögerungseffekte laden zur Übersteuerung ein. Hier ist weniger oft mehr. Wenn auf eine Intervention nicht gleich eine Reaktion erfolgt, sollte man dem System Zeit geben und nicht gleich die nächste Intervention nachschieben („Eine-Intervention-und-warte-ab"-Regel).

6. *Misstraue der Steuerbarkeit.* Auch wenn die bisher beschriebenen Systembausteine sich allenfalls kompliziert verhalten können, kann man nicht sicher sein, es nicht doch mit einem komplexen System zu tun zu haben. Komplexe Systeme bestehen aus den gleichen Bausteinen. Man sollte sich von den Einsichten in das Systemdenken nicht dazu verleiten lassen zu glauben, dass man jedes System steuern und in seinem Verhalten vorhersagen kann, wenn man nur die Regeln kennt, nach denen es funktioniert. Diese Allmachtfantasie hat man nach der Komplexitätswende (Tabelle 1) aufgeben müssen. Als einigermaßen beunruhigend erscheint in diesem Zusammenhang das Versprechen von *Big Data*-Analysen, die behaupten, Komplexität mit einem mehr an Daten besiegen zu können. Es wird sich zeigen, dass das nicht geht. Ein mehr an

Daten kann bei komplizierten Systemen hilfreich sein; gegen Komplexität kann es nichts ausrichten. Also Vorsicht: *Big Data* ist teuer und im Fall von echter Komplexität keine Lösung.

Das „Systemdenken“ der vorkomplexen Zeit war geprägt von einem „Und es geht doch“. Es ging ihren Vertreterinnen und Vertretern darum zu zeigen, wie man mit relativ einfachen Mitteln komplizierte systemwissenschaftliche Phänomene erfassen und verstehen kann. Diese Strategien laufen bei komplexen Systemen ins Leere. Trotzdem dienen sie dazu, erste Schritte in Richtung eines umfassenderen Verständnisses zu gehen und einige prinzipielle Mechanismen des systemischen Denkens zu durchschauen.

3.8.1 Häufige Probleme in komplizierten Systemen – Archetypen

In den 1960er- und 1970er-Jahren wurde es mit dem Aufkommen der Computertechnologie möglich, immer größere Systeme zu simulieren und in ihrem Verhalten zu studieren. Die Grundbausteine, die in den vorangegangenen Abschnitten besprochen wurden, ließen sich durch immer leistungsfähigere Computer zu immer umfassenderen Modellen zusammensetzen. Die Stimmung dieser frühen Jahre der angewandten Systemwissenschaften war geprägt von der Euphorie einer neuen Plan- und Steuerbarkeit. Durch die Berücksichtigung von immer mehr Einflussfaktoren erhoffte man sich, verlässliche Erkenntnisse z. B. über die zukünftige Entwicklung des Ressourcenverbrauches der Menschheit oder über wirtschaftliche Entwicklungen zu erhalten. Wegweisend wurden z. B. die vom Ehepaar Meadows durchgeführten Studien des *Club of Rome*. Diese beruhten auf einem Systemmodell, welches als *World Dynamics* oder *Systems Dynamics* bezeichnet wurde (Forrester 1961, 1969, Meadows et al. 1972). Zahlreiche Zusammenhänge von Wirtschaft, Umwelt und Gesellschaft führten zu den ersten Warnungen vor Umweltverschmutzung, Klimaveränderung und dem Raubbau an fossilen Ressourcen. Relativ schnell wurden die neuen Erkenntnisse des Systemdenkens auch auf das Management und die Führung von Organisationen und Unternehmen übertragen.

Insbesondere der Management-Guru Peter Senge (1996) trug zur Popularisierung dieser Sichtweise bei. Er verweist darauf, dass sich in der Beratung von Unternehmen auf Grundlage des Systemansatzes immer wieder Ähnlichkeiten in Problemstellungen und Systemdynamiken ergeben hätten, die er als „Systemarchetypen“ zusammenfasst. In seinem Buch „Die fünfte Disziplin“ nennt er insgesamt acht Archetypen, die er anhand von Beispielen illustriert. Die Archetypen zeigen exemplarisch, wie man mit einfachen Mitteln die Grunddynamiken zumindest einfacher oder mäßig komplizierter Systeme recht anschaulich beschreiben kann. Auch wenn die Welt tatsächlich komplexer ist, sind diese Modelle ein erster Einstieg in die Anwendung der Instrumente des Systemdenkens.

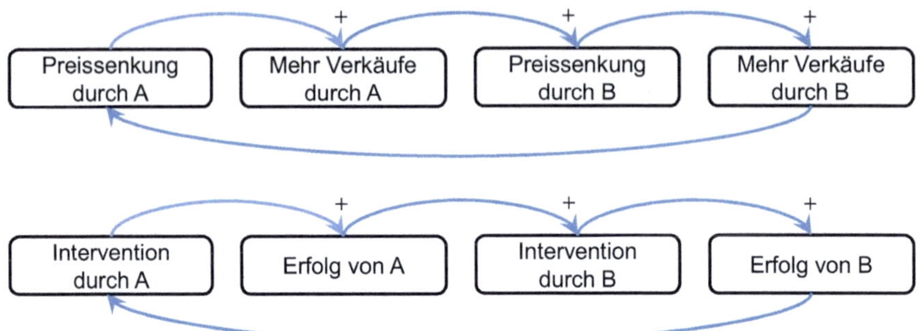

Abbildung 9: Preisspirale – Archetypus: „Eskalation"
Der Archetypus „Eskalation" ist ein simpler Teufelskreis. Das Verhalten von A (z. B. eine Preissenkung) steigert dessen Erfolg. Dieser regt bei B das gleiche Verhalten an. Der Kreislauf schaukelt sich lawinenartig auf. Oben das Beispiel „Preisspirale", unten eine allgemeine schablonenartige Darstellung.

Typischerweise sind die Archetypen als etwas kompliziertere Teufelskreise konzipiert (Abbildung 9). Häufige Themen sind zu schnelle oder zu einfache Problemlösungen. Die sich aus den einfachen Lösungen ergebenden Nebenwirkungen sind dann mitunter schlimmer als das ursprüngliche Problem oder sie verhindern deren grundsätzliche Lösung. Ziel der Archetypen ist es daher, typische Fallen im Umgang mit Systemen aufzuzeigen.

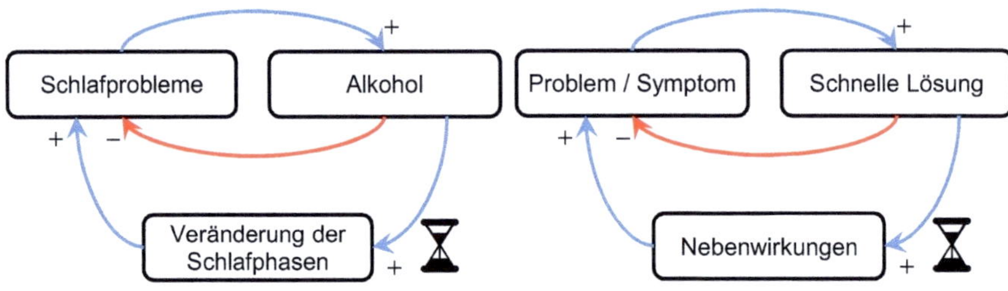

Abbildung 10: Schlafprobleme – Archetypus: „Fehlerkorrektur"
Der Archetypus „Fehlerkorrektur" zeigt, wie eine vermeintlich „schnelle Lösung" zwar zunächst die Probleme reduziert, aber über ihre „Nebenwirkungen" letztlich noch zu einer Verschärfung der Probleme beiträgt. In der Regel treten die Nebenwirkungen langsamer ein als die Wirkung der schnellen Lösung (Sanduhr). Links das Beispiel „Schlafprobleme", rechts eine allgemeine schablonenartige Darstellung.

Die Hoffnung richtet sich darauf, dass bei Berücksichtigung versteckter Rückkopplungsmechanismen deutlich wird, wo man auf das System hereinfällt, an welcher Stelle man intuitiv genau die falsche Lösung wählt und alles nur verschlimmbessert. Aus der Systemischen Beratung kennt man den Ratschlag, bei Problemen etwas wirklich anderes zu tun (sogenannte Lösungen 2. Ordnung). Und genau darin besteht die Schwierigkeit: Klientinnen und Klienten können sich nur selten am eigenen Schopf aus dem Sumpf ziehen. Sie sehen als Lösungsmöglichkeiten nur die Auswege, die sie bereits versucht haben und die häufig in der gleichen Denk- und Machart gestrickt sind, die ursprünglich das Problem produziert haben.

Ein Beispiel für einen solchen als „Fehlerkorrektur" bezeichneten Archetypus wäre etwa eine Selbstmedikation mit Mitteln, die die Symptome zwar zunächst zu lindern scheinen, aber langfristig zu einer Chronifizierung derselben führen. Dies trifft z. B. für den Versuch zu, psychisch bedingte Ein- und Durchschlafstörungen (primäre Insomnie) mit Alkohol oder anderen unpassenden Drogen als Einschlafhilfe zu lindern. Abbildung 10 zeigt, wie sich dieser Archetypus als Systemmodell veranschaulichen lässt. Abstrahiert man von dem konkreten Verhalten, so erhält man die Schablone des Archetypus, die man nach dem Prinzip eines Werkzeugkoffers zusammen mit anderen Schablonen griffbereit haben sollte, wenn man solchen Problemen auf die Spur kommen möchte.

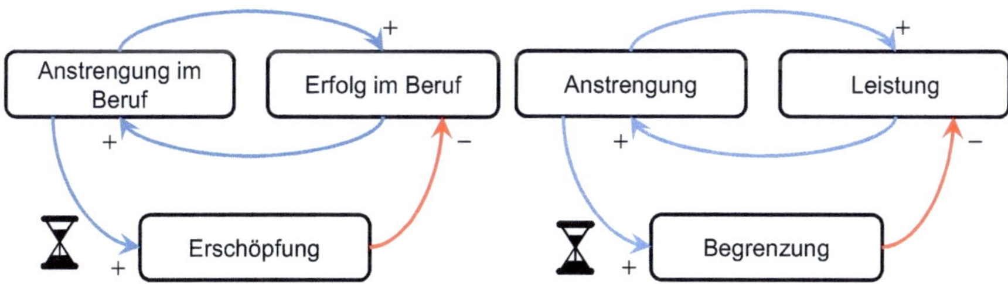

Abbildung 11: Burnout – Archetypus: „Grenzen des Wachstums"
Der Archetypus „Grenzen des Wachstums" zeigt, wie eine eigentlich gut funktionierende Wachstumsspirale aus „Anstrengung" und „Leistung" ausgebremst werden kann. Links das Beispiel „Burnout", rechts eine allgemeine schablonenartige Darstellung.

Ein anderer, als „Grenzen des Wachstums" bezeichneter Archetypus kann zeigen, wie Menschen, angestachelt durch einen anfänglichen Erfolg, in ihr „Erfolgsgeheimnis" immer mehr investieren und dabei über ihre Leistungsgrenzen gehen (Abbildung 11). Je mehr zuvor Anstrengungen belohnt wurden, umso schwieriger wird es für die Person zu akzeptieren, dass trotz immenser Anstrengung kein Wachstum mehr zu erzielen ist. Dieser Archetypus erweitert den klassischen Verstärkungsprozess eines Engelskreises um eine bremsende Komponente, die wahrscheinlich in jedem System gefunden werden kann. Auf jeden Verstärkungsprozess kommen immer auch Prozesse mit negativem Feedback: Niemandes Bäume wachsen in den Himmel.

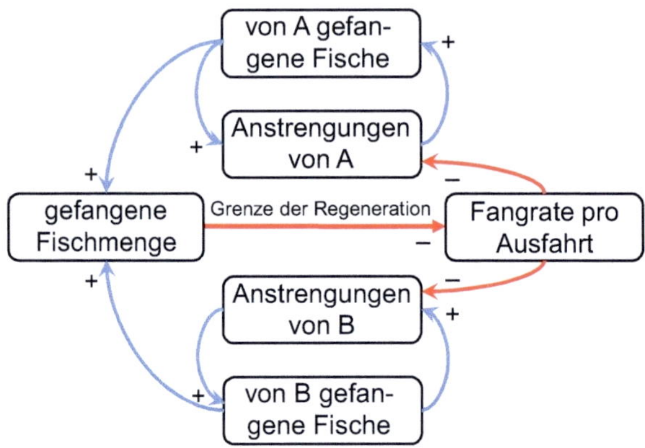

Abbildung 12: Fischerei – Archetypus: „Tragödie der Gemeingüter“

Für Gemeingüter gilt die unheilvolle Logik, dass mehr Anstrengung in der Regel auch mehr Gewinn bedeutet. Die Summe aller Anstrengungen kann die Gemeingüter jedoch erschöpfen. Mit A und B sind zwei Teufelskreise angedeutet. Es handelt sich aber in der Regel um mehr. Die Ergebnisse einzelner Einheiten werden addiert und die Summe reduziert den Erfolg, sobald die „Grenze der Regenerationsfähigkeit“ erreicht wird. Darauf wird aber mit noch größerer Anstrengung reagiert. Für das Verständnis ist es wichtig, dass man nachvollziehen kann, wie die negativen Beziehungen zustande kommen.

Für bestimmte Systeme scheinen die Grenzen aber bereits vorab festzustehen (Abbildung 12). Sie sind durch die Leistungsfähigkeit des Systems gegeben und können nicht verändert werden. In solchen Systemen treten Probleme auf, wenn das Verhalten des Einzelnen die Grenzen des Systems nicht berücksichtigt und die Handelnden Profit aus ihrem Verhalten schlagen können. Fischereiflotten, die umso mehr fangen, je mehr sie auf See fahren und je größer ihre Maschinen sind, können so zum Untergang des Ökosystems beitragen. Denn die Summe der Bemühungen ist es, die das System an seine Grenzen führt. Dem Einzelnen sind diese Grenzen nicht bewusst. Aus der Logik eines einzelnen Fischereibetriebs kann ein Fangausfall nur durch mehr Bemühungen ausgeglichen werden. Sobald die Fische sich nicht mehr regenerieren können, bleiben die Fänge aus und gleichzeitig gehen die Fangbemühungen nach oben. Die Logik des Systems verursacht den Schaden. Der Archetypus besteht aus vielen kleinen Teufelskreisen, die in Summe an die Grenze der Regenerationsfähigkeit gehen. Dabei wirkt ein Rückgang des Erfolgs durch die Überlastung des Ökosystems nur noch weiter anspornend. Ein Weg heraus ist nur durch den Umbau des Systems möglich. Einzelne Aktivitäten müssen mit dem Schaden im Ökosystem regulierend verknüpft werden.

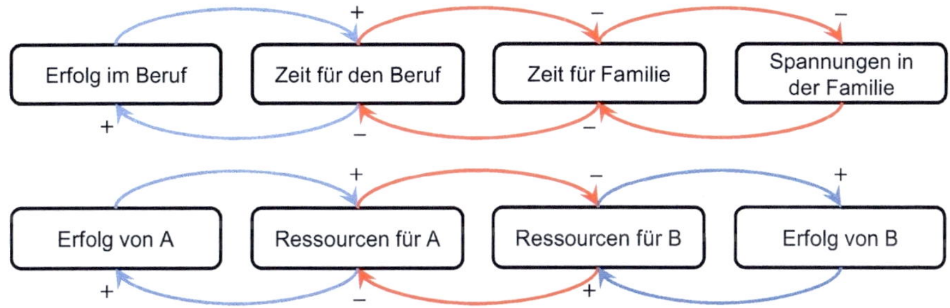

Abbildung 13: Worl-Life-Balance – Archetypus: „Erfolg den Erfolgreichen"
Im Archetypus „Erfolg den Erfolgreichen" sind zwei Teufelskreise miteinander gekoppelt. Die Ressourcen für den einen Kreislauf werden 1 zu 1 dem anderen Kreislauf entzogen. Man spricht daher auch von einer Nullsummen-Situation (der Gewinn der einen Seite wird zu einem gleichhohen Verlust der anderen Seite; in Summe ergibt sich null). Oben das Beispiel „Work-Life-Balance", unten eine allgemeine schablonenartige Darstellung.

Durch die Kombination zweier Teufelskreise mit unterschiedlichen Vorzeichen kommt es zu einer Eskalation, die nur mehr einen Gewinner und einen Verlierer zulässt. Dieser als „Erfolg den Erfolgreichen" bezeichnete Archetypus (Abbildung 13) kann z. B. dazu dienen, Konflikte zwischen beruflichem und familiärem Engagement zu verdeutlichen. Während berufliches Engagement mit wachsendem beruflichem Erfolg verstärkt wird (erster Teufelskreis/Engelskreis), reduziert sich die Zeit mit der Familie. Die dadurch ausgelösten Konflikte können dazu verleiten, erst recht der Familie fernzubleiben (zweiter Teufelskreis) und sich doch lieber dort zu engagieren, wo man/frau dafür auch belohnt wird – im gegebenen Beispiel befeuert dies zusätzlich das berufliche Engagement.

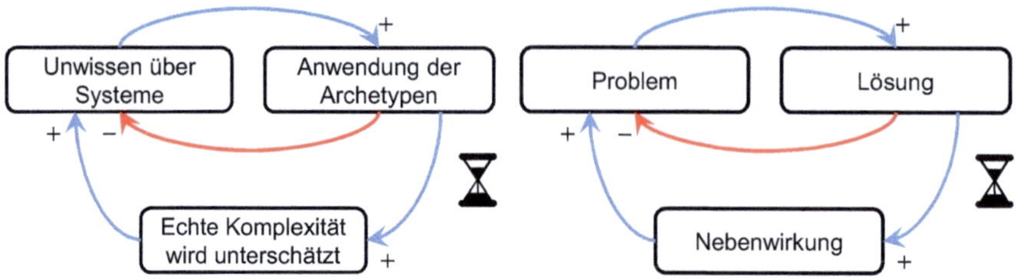

Abbildung 14: Archetypen als Archetypus „Fehlerkorrektur“
Die Anwendung der Archetypen als Lösung für systemwissenschaftliche Probleme funktioniert zunächst durchaus, führt als Nebenwirkung aber zu einem Machbarkeitswahn und so zur Unterschätzung echter Komplexität. Die Schablone (rechts) zeigt, wie eine „Lösung“ über die Nebenwirkungen zurück in das Problem führt.

Mit solchen „Archetypen“ an der Hand kann man für die genannten (und einige andere) Beispielsysteme relativ plausible Lösungsstrategien entwickeln oder verdeutlichen. Die Gefahr der Archetypen besteht aber eben auch in ihrer Schablonenhaftigkeit. Mit etwas Übung gelingt es, jedes Problem in ein solches Muster zu zwängen. Das kann anfangs hilfreich sein, aber auf Dauer zu der Auffassung führen, dass alles machbar ist und Komplexität nur ein Scheinproblem darstellt (Abbildung 14).

Mit einigem Recht haben die Vertreterinnen und Vertreter der konstruktivistisch orientierten Systemtheorien (qualitativ, nach der kopernikanischen Wende) darauf verwiesen, dass die Ideen der Mechanik in solchen Modellen nur etwas anders dargestellt würden, aber von der gleichen Hoffnung auf Reparierbarkeit getragen seien. Ein Management oder Beraterinnen und Berater, die mit den Systemschablonen in der Hand nach Lösungen für Probleme suchen, finden in der Regel genau das, was sie mit der Suche im Sinn hatten. Es sind eben die zugrunde liegenden Denk- und Handlungsmuster, die weitgehend vorherbestimmen, welche Muster man in Systemen überhaupt entdecken kann. Wer nach Archetypen sucht, wird diese finden. Das soll aber nicht dazu verleiten, sich Systemen gegenüber geschlagen zu geben. Archetypen sind ein guter erster Zugang zu Systemen, aber sie sind Hilfsmittel und als solche begrenzt. Sie sind eben nicht die Wahrheit. Wenn man darauf verzichtet, seine eigene begrenzte Sicht der Welt für die alleinige Wahrheit zu halten, dann ist bereits viel gewonnen. Dieser Gefahr der Einseitigkeit kann man nicht durch Denkverzicht begegnen – nach dem Motto: man kann sich ja ohnehin kein vollständig zutreffendes Bild machen, also lassen wir es lieber gleich bleiben –, sondern durch einen offenen und immer wieder neuen Umgang mit unterschiedlichen Sichtweisen und Modellen. Dazu kann dann auch die Nutzung der „Archetypen“ gehören.

3.8.2 Der Papiercomputer als einfaches Instrument der Machtanalyse

Frederik Vester hat sich um die Verbreitung des vernetzten Denkens als einer neuen Sicht auf die Welt verdient gemacht (z. B. Vester 1999). Mit zahlreichen innovativen Ideen hat er verdeutlicht, dass wir in Systemen leben und handeln und uns nur unzureichend darin zurechtfinden, wenn wir nicht lernen, Wechselwirkungsgefüge besser zu verstehen. Die von ihm publizierten Fensterbilderbücher vermitteln bereits in Kindergarten und Grundschule ein Verständnis für das Zusammenwirken in großen Systemen, etwa im Ökosystem des Waldes (Vester 1986). Fensterbilderbücher zeigen, welche Variablen an einem System beteiligt sind, indem Seite für Seite neue Elemente sichtbar werden und in den Gesamtzusammenhang eingeordnet werden. Den Namen verdanken sie der Tatsache, dass jede Seite ein weiteres Fenster enthält, durch das man mehr vom Gesamtsystem auf der letzten Seite des Buches sehen kann. Schritt für Schritt wird mehr aufgedeckt. Ebenfalls von Vester stammt „Ökolopoly“ (oder neuer „Ecopolicy“), ein Computersimulationsspiel, bei dem es darum geht, ein Land zu regieren. Eindrücklich kann man dabei erleben, wie schwer es ist, in einem vernetzten System die Übersicht zu behalten. Zahlreiche der bereits beschriebenen Prinzipien im Umgang mit komplizierten Systemen können dabei „praktisch“ erprobt werden.

Die Grundlage für Fensterbilderbücher und Computersimulationen bilden spezielle als Papiercomputer bezeichnete Matrizen (Abbildung 15). Diese Papiercomputer (auch Sensitivitätsmodelle genannt) erlauben eine systematische Abbildung der Machstrukturen in Systemen. Nach einer Sammlung von möglicherweise relevanten Systemelementen, etwa zusammen mit den Teammitgliedern einer Arbeitsgruppe, werden diese in einer Matrix aufeinander bezogen.

Gefragt ist jeweils, wie stark ein Element in einer Zeile der Matrix die Elemente in den Spalten beeinflusst. Das mag zunächst kompliziert klingen, kann aber doch sehr schnell verstanden werden und wurde schon erfolgreich mit Grundschulkindern durchgespielt (Strunk 1996). Alle nur möglichen Wechselwirkungen zwischen den Variablen werden durch die Matrix übersichtlich abgearbeitet.

Für die Stärke des Einflusses kann eine Ratingskala verwendet werden. In Forschungsprojekten können auch Korrelationen oder Zählungen, z. B. der Kontakte zwischen den Elementen pro Zeiteinheit, herangezogen werden. Die wiederholte Durchführung eines Papiercomputers kann zeigen, wie sich ein System im Verlauf der Zeit verändert. Dazu sind auch spezielle Rechenvorschriften entwickelt worden (vgl. Manteufel & Schiepek 1998, Anhang B). Auch Mittelwerte über Teams oder der Vergleich von Einschätzungen unterschiedlicher Teammitglieder können hilfreich sein. So lassen sich Sichtweisen vergleichen oder Zielszenarien entwerfen.

Wirkung von ↓ auf →	1	2	3	4	5	6	7	8	9	10	11	12	13	14	15	AS	Quo.
1																	
2																	
3																	
4																	
5																	
6																	
7																	
8																	
9																	
10																	
11																	
12																	
13																	
14																	
15																	
PS																	
Pro.																	

0 keine Einwirkung
1 schwache Einwirkung
2 mittlere Einwirkung
3 starke Einwirkung

AS Aktivitätssumme
Quo. Quotient: AS/PS
PS Passivitätssumme
Pro. Produkt AS x PS

1. **Aktives Element (höchste Quo.-Zahl):** Dieses Element beeinflusst alle anderen am stärksten, wird aber von ihnen am schwächsten beeinflusst.
2. **Passives Element (niedrigste Quo.-Zahl):** Dieses Element beeinflusst die anderen Variablen am schwächsten, wird aber selbst am stärksten beeinflusst.
3. **Kritisches Element (höchste Pro.-Zahl):** Dieses Element beeinflusst die übrigen Elemente stark und wird gleichzeitig auch stark von ihnen beeinflusst. Es ist daher tief in das System eingebunden.
4. **Ruhendes oder pufferndes Element (niedrigste Pro-Zahl):** Dieses Element beeinflusst die übrigen nur schwach und wird von ihnen nur schwach beeinflusst. Es steht am Rande des Systems und ist wenig eingebunden.

Abbildung 15: Vorlage für den Papiercomputer

Die Vorlage enthält alle Informationen und Anweisungen, die für die Durchführung eines Papiercomputers wichtig sind.

Am Wiener Institut für Ehe- und Familientherapie wurden mithilfe des Papiercomputers Helferkonferenzen vorbereitet. Mitunter waren an einem großen Klienten-Helfer-System viele Familienmitglieder und zahlreiche Helferinnen und Helfer beteiligt. Konferenzen mit 10 bis 20 Personen waren keine Seltenheit. Der Papiercomputer wurde mit den Namen und Rollen der beteiligten Personen versehen und jede wurde gebeten einzuschätzen, wer mit wem wie viel zu tun hat. Die Gespräche konnten nach dieser Vorbereitung und einer entsprechenden Auswertung der Matrizen gut strukturiert geführt werden. Diese Konferenzen mit Papiercomputerunterstützung wurden konzipiert, da sich bei der Aktenanalyse von Langzeitbetreuungsfällen der Jugendwohlfahrt gezeigt hatte, dass gerade in Krisensituationen Helfersysteme dazu tendieren, nur mehr untereinander zu kommunizieren, wobei die Familien aus dem Blick geraten (Friedlmayer et al. 2000). Auch dieser Befund wurde mit dem Papiercomputer ermittelt. Ähnliches hatten Manteufel und Schiepek (1998) in Systemspielen (das sind realitätsnahe Planspiele mit einer größeren Zahl von Personen) beobachtet: Unter Druck oder Stressbedingungen produzieren diese Systeme offenbar ein Muster, das man von überforderten Managerinnen und Managern kennt – sie beschäftigen sich vorwiegend mit sich selbst und nicht mehr mit ihren Kundinnen und Kunden.

Zurück zum Papiercomputer: Vester schlägt vor, die Beeinflussungsratings zeilen- und spaltenweise zu addieren und dann durch Multiplikation und Division miteinander zu verknüpfen. Dies kann in fünf Arbeitsschritten erfolgen (Strunk 1996):

1. *Auswahl der Systemelemente.* Zwischen fünf und zehn sind ideal. Mehr sind etwas unhandlich und weniger sind unspannend. Mit etwas Übung gelingt es bereits bei der Variablenauswahl, Fallstricke zu umgehen, die sich z. B. ergeben, wenn Variablen aufgenommen werden, die per definitionem kaum beeinflusst werden können (z. B. das Wetter).

2. *Übertragen der Elemente in den Papiercomputer.*

3. *Einschätzung der Beeinflussung.* Ein zeilenweises Vorgehen ist hilfreich. Wie beeinflusst die Variable, die die Zeile bezeichnet, die in den Spalten angeführten Variablen? Dabei gilt, dass sich Variablen auch selbst beeinflussen können (Autokatalyse), die Diagonale also ebenfalls eingeschätzt werden kann (Vester klammert die Diagonale im Gegensatz dazu explizit aus). Auch gilt zu beachten, dass der Einfluss von A auf B umgekehrt (von B auf A) nicht in identischer Weise vorliegen muss.

4. *Auswertung.* Die Zeilensummen heißen Aktivitätssummen (AS), die Spaltensummen Passivitätssummen (PS). Das Produkt (Pro) aus AS und PS eines Elements zeigt die Stärke der Einbindung eines Elements in das System. Der

Quotient (Quo = AS / PS) zeigt die Nettoaktivität eines Elements an. Zur Berechnung wird ein Taschenrechner benötigt. Eine Matrize kann aber auch schnell in einer Tabellenkalkulation erstellt werden (eine Software findet sich auf *complexity-research.com*).

5. *Darstellung.* Neben den Berechnungen lassen sich aus den ausgefüllten Matrizen leicht grafische Systemmodelle zeichnerisch erstellen. Gruppiert man die Elemente um das kritische Element, kommt es beim Pfeile-Zeichnen nicht so schnell zu Überschneidungen. Zur Erhöhung der Übersichtlichkeit können Pfeile mit niedrigen Ratings in der Abbildung weggelassen werden.

Mithilfe dieses recht einfachen Verfahrens können vier Typen von Schlüsselelementen eines Systems identifiziert werden, die als aktives, passives, kritisches und ruhendes Element bezeichnet werden (Vester 1991/1976) (Abbildung 15). Jeweils der höchste und geringste Wert der Produkt-Zeilen und der Quotienten-Spalten markiert die vier Elemente.

- Das *aktive Element* (höchster Quotient) des Systems beeinflusst alle anderen Elemente am stärksten, während es selbst kaum von den anderen beeinflusst wird. Dieses Element zieht einsam die Fäden im System. Es ist das machtvollste Element und trägt die meiste Verantwortung. Es entzieht sich weitgehend der Beeinflussung durch andere Elemente, was nicht heißt, dass es absolut am mächtigsten sein muss. Nur im Vergleich dazu, dass andere auf dieses Element wenig Einfluss haben, erscheint es besonders machtvoll. Es kann an der formalen Struktur des Systems liegen, dass ein Element viel Macht bekommt und dabei kaum beeinflusst wird, es kann aber auch dessen „Intention" sein, sich von Beeinflussungen frei zu halten und selbst kräftig mitzumischen.

- Das *passive Element* (geringster Quotient) wird von allen anderen Elementen am stärksten beeinflusst, im Vergleich zu seiner eigenen geringen Einflussnahme auf das System. Dieses Element ist weitgehend fremdbestimmt. Es ist das Element, dass am wenigsten Verantwortung trägt, von allen anderen aber am meisten beeinflusst wird. Das heißt nicht, dass das Element absolut die meiste Beeinflussung von außen erfährt; nur im Vergleich zu seiner geringen eigenen Einflussnahme erscheint es als passiver Zielpunkt, auf den sich viele Einflüsse richten. Auch hier kann es an der formalen Struktur des Systems liegen, dass ein Element Fokus vieler Einflüsse wird, aber selbst ohne Einflussmöglichkeit bleibt.

- Das *kritische Element* (höchstes Produkt) beeinflusst stark und wird auch stark beeinflusst. Es steht mitten im Geschehen. Es ist die Schalt- und Umschaltzentrale des Systems. Es steht im Dilemma, viel Einfluss zu besitzen, aber selbst stark von anderen abhängig zu sein. Seine Einflussnahme ist nicht so autonom und machtvoll wie die des aktiven Elements. Auch kann es sich nicht passiv zurückziehen und die anderen machen lassen. Es ist auf der einen Seite Tonangeber aber auf der anderen Spielball des Systems. Natürlich muss man auch hier unterscheiden, ob die formale Struktur des Systems ein Element in die Rolle eines kritischen Elements zwingt oder ob es aus eigenem Antrieb eine Rolle wählt, die mitten im Geschehen steht.

- Das *ruhende oder puffernde Element* steht am Rande des Systems. Im Vergleich zu den anderen Elementen wird es wenig beeinflusst und beeinflusst selbst wenig. Es ist weder aktiv beteiligt noch passiv eingebunden. Es scheint im System fast keine Rolle zu spielen und fällt wenig auf. Seine Aktivitäten haben im System kaum Einfluss, dafür wird es vom System auch in Ruhe gelassen. Möglicherweise handelt es sich um ein Element, das gar nicht wirklich zum System gehört. Es kann daher sinnvoll sein, die Auswertung ohne das Element noch einmal zu wiederholen. Das ruhende oder puffernde Element ist zwar wenig eingebunden, aber genau das kann eine wichtige, bremsende und das System beruhigende Rolle bedeuten. Hier muss im Einzelfall geschaut werden, denn es wäre zu einfach, das Element als randständig nicht weiter zu beachten.

Wenn eine Matrix ausgefüllt wird und dabei nicht alle Beeinflussungsratings (Zellen) das gleiche Gewicht erhalten, kommt es zwangsläufig zur Identifikation der vier genannten Schlüsselelemente. Unter Umständen kann ein Element aber gleichzeitig zwei Schlüsselpositionen einnehmen. Bestimmte Kombinationen sind dabei möglich, andere nicht. Aktive und passive Elemente schließen sich gegenseitig aus, d. h., dass nur zwei verschiedene Elemente diese Positionen einnehmen können. Ebenso schließen sich das kritische und das ruhende Element gegenseitig aus. Es bleiben jedoch noch vier Kombinationen, die gleichzeitig auftreten können. Man sollte bei der Interpretation bedenken, dass sich die Schlüsselelemente aus dem Vergleich mit den anderen Elementen ergeben. Ist ein Element zugleich kritisch und aktiv, so bedeutet das, dass alle anderen Elemente im Vergleich dazu weniger kritisch und weniger aktiv sind.

- *Das aktive Element ist gleichzeitig das ruhende.* Es ist möglich, dass ein Element zwar eine hohe Aktivität im Vergleich zu seiner Beeinflussbarkeit zeigt und damit zum aktiven Element wird. Alle anderen Elemente zeigen keine so gute Bilanz, wenn man ihren Einfluss mit ihrer Beeinflussbarkeit vergleicht. Dennoch können alle anderen Elemente weit stärker in das Geschehen eingebunden sein. So wird das aktive Element zudem auch zum ruhenden Element. In einem Beispielfall nahm z. B. ein Schulpsychologe diese Doppelrolle ein (Strunk, 1996). Er erschien den Beurteilerinnen und Beurteilern als autonom und ungebunden. Er hatte auf viele Elemente der Schule großen Einfluss, ohne selbst viel beeinflusst zu werden. Damit wurde er zum aktiven Element, aber letztlich war er nur wenig in das System eingebunden. Er hatte nur an einem Tag der Woche Dienst in der Schule und war daher weit weniger ins System involviert als die anderen beteiligten Personen. So stand er als ruhendes Element außerhalb des eigentlichen Geschehens und war doch das aktive Element. Etwas Ähnliches wird scherzhaft gern als CHAOS bezeichnet – abgekürzt für *Chief Has Arrived On Scene*. Typische Beispiele unter dieser Überschrift zeigen Mitarbeiterinnen und Mitarbeiter, die ein Problem gut bewältigen, da sie die Hintergründe aus ihrem Arbeitsalltag hinreichend kennen. Sobald aber die Führungskraft eingreift kommt es zu Schwierigkeiten. Aufgrund ihrer hierarchischen Position wird ihren Anweisungen gefolgt, auch dann, wenn die Führungskraft weniger eingebunden ist und sich im konkreten Fall gar nicht auskennen kann.

- *Das aktive Element ist gleichzeitig das kritische.* Das kritische Element ist insgesamt am stärksten in das System eingebunden. Viele Aktivitäten gehen von ihm aus, viele richten sich auf dieses Element. Wenn aber zudem der Vergleich zwischen Beeinflussung und Beeinflussbarkeit zeigt, dass das Element mehr beeinflusst als selbst Beeinflussungen ausgesetzt ist, dann kann es zugleich auch zum aktiven Element werden. Ein solches Element wird stark von außen beeinflusst und beeinflusst selbst sehr stark, wie es sich für ein kritisches Element gehört. Zudem ist sein Einfluss aber größer als seine Beeinflussbarkeit, sodass es auch als aktives Element erscheint.

- *Das passive Element ist gleichzeitig das ruhende.* Beim Vergleich von Beeinflussung durch dieses Element und seiner Beeinflussbarkeit durch andere erscheint es als passives Element. Dennoch kann es auch so weit am Rande des Systems stehen, dass es zugleich zum ruhenden Element wird.

- *Das passive Element ist gleichzeitig das kritische.* Auch ein kritisches Element mit eher passiven Anteilen ist möglich. Es steht mitten im Geschehen, wird stark beeinflusst und hat starke Beeinflussungskapazitäten (kritische Eigenschaft). Dennoch ist es im Vergleich von „Macht“ und „Ohnmacht“ weit ohnmächtiger als mächtig (passive Eigenschaft).

Fallbeispiel „Sicherheitskultur“:

Sie sind in der Personalabteilung eines großen Krankenhauses tätig und bekommen den Auftrag, die Sicherheitskultur im Krankenhaus durch Kurse und Schulungen zu erhöhen.

Anlass ist ein peinliches Ereignis, welches auch zu einer Schadenersatz-Klage führte. Ein Operateur hatte ein Instrument in Bauchraum einer Patientin vergessen und diese nach der OP wieder zugenäht, ohne das Instrument vorher zu entfernen. Die OP-Schwester hatte zwar vor und nach der OP die Instrumente gezählt, aber dennoch nicht gemerkt, dass etwas fehlte. Erst bei der Desinfektion ist dem technischen Dienst das Fehlen des Instruments aufgefallen. Dem technischen Assistenten war es ein Vergnügen, der OP-Schwester einen Fehler vorhalten zu können und er rief diese gleich an. Aus Furcht vor Strafe und Angst vor dem Operateur hat diese sich zunächst mit Kolleginnen besprochen und ist dann gemeinsam mit ihrer Vorgesetzten zum Operateur gegangen. Es eskalierte schnell ein Streit mit gegenseitigen Schuldzuweisungen.

Sie sollen nun durch Kurse und Schulungen die Sicherheitskultur in Ihrem Krankenhaus erhöhen und fragen sich, wo man am besten ansetzen könnte. Bei einem Brainstorming in der Personalabteilung kommt es zu einer Liste von Variablen, die wichtig sein könnten:

1. Kontrolle: Mehr Kontrolle durch Vorgesetzte.
2. Strafe: Härtere Strafen bei Fehlern.
3. Stress: Arbeitsdruck/Belastungen.
4. Vorbilder: Vorbildfunktion der Führungskräfte in Bezug auf den konstruktiven Umgang mit Fehlern.
5. Kommunikationsprobleme: Kommunikationsprobleme und Konkurrenz zwischen den Disziplinen (Medizin/Pflege/Technische Dienste).
6. Angst: Angst vor Strafe und Scham vor Gesichtsverlust.
7. Fehlerberichte: offenes Sprechen über Fehler, Missgeschicke oder mögliche Fehlerquellen, um diese demnächst zu vermeiden.
8. Fehlervermeidungsmethoden: z. B. Instrumente sollen demnächst immer von zwei Personen gezählt werden (Vier-Augen-Prinzip).

Während der Diskussion um die Variablen, die eine Rolle spielen könnten, ruft einer Ihrer Kollegen: „Das hängt doch alles mit allem zusammen. Wegen der Kommunikationsprobleme will keiner vor dem anderen Fehler zugeben. Wenn keiner über mögliche Fehler berichtet, verstärkt das nur die Kommunikationsprobleme. Da dreht sich doch alles im Kreis.“

Sie schlagen den Papiercomputer als Lösung vor ...

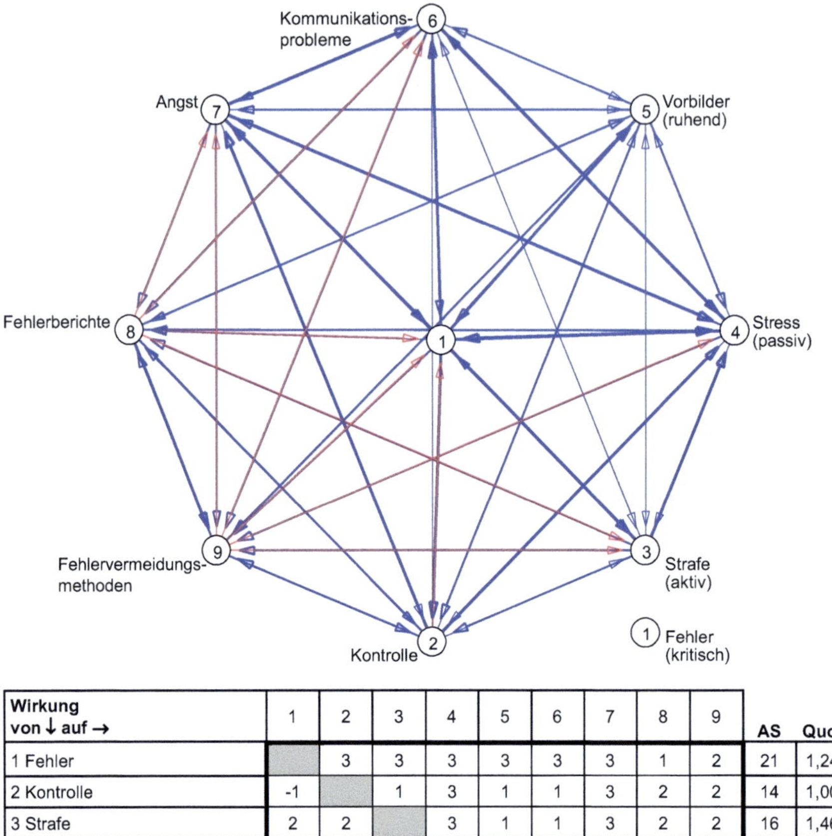

Wirkung von ↓ auf →	1	2	3	4	5	6	7	8	9	AS	Quo.
1 Fehler		3	3	3	3	3	3	1	2	21	1,24
2 Kontrolle	-1		1	3	1	1	3	2	2	14	1,00
3 Strafe	2	2		3	1	1	3	2	2	16	1,46
4 Stress	3	1	1		1	3	2	2	2	15	0,71
5 Vorbilder	2	2	1	2		2	2	2	2	15	1,36
6 Kommunikationsprobleme	2	1	1	3	1		2	2	2	14	0,82
7 Angst	3	1	1	3	1	3		2	2	16	0,84
8 Fehlerberichte	-2	2	-1	2	2	-2	-2		3	16	1,07
9 Fehlervermeidungsmethoden	-2	2	-2	-2	1	-2	-2	2		15	0,88
PS	17	14	11	21	11	17	19	15	17		
Pro.	357	196	176	315	165	238	304	240	255		

Abbildung 16: Papiercomputer zum Fallbeispiel „Sicherheitskultur"

Die Einschätzungen wurden in einem Seminar zum Gesundheitsmanagement durch Abstimmung festgelegt. Es handelt sich also um die Meinung der anwesenden Gesundheitsexpertinnen und -experten. Die negativen Zahlen werden in der Grafik rot dargestellt. Sie sind als negative Beeinflussung zu interpretieren. Die Vorzeichen werden bei der Berechnung der Schlüsselelemente nicht berücksichtigt.

Anders als die oben beschriebenen Archetypen ist der Papiercomputer offen für ganz unterschiedliche Systemkonstellationen. Er gibt weder typische Strukturen noch positive oder negative Wechselwirkungen vor. Die Identifikation der vier Schlüsselelemente impliziert jedoch eine eher statische, an Einfluss und Reaktivität einzelner Elemente orientierte Sichtweise. Die Dynamik des Systems tritt in den Hintergrund. Dort muss sie jedoch nicht bleiben. Der Papiercomputer kann erweitert werden: positives und negatives Feedback sowie U-Kurven oder Verzögerungen lassen sich in den Zellen der Matrix zusätzlich vermerken und einfache Simulationen können mit diesen Informationen (z. B. in einer Tabellenkalkulation) durchgeführt werden.

Auch hat es sich bewährt, aus den zentralen Ergebnissen des Papiercomputers einen auf die Beteiligten zugeschnittenen Fragebogen zu entwickeln. Dafür eignet sich die Formulierung von Zielen, die sich auf die vier Schlüsselelemente beziehen, etwa das Ziel, dass das passive Element in Zukunft zu mehr Eigenaktivität angeregt werden soll. Dieser Fragebogen kann dann in der Folge zur Standortbestimmung genutzt werden. Im Idealfall können Prozessdynamiken und deren Veränderungen sich so gut nachverfolgen lassen.

Die Vorteile des Papiercomputers liegen in der systematischen Vorgehensweise, bei der Zeile für Zeile alle nur möglichen Interaktionen zwischen allen Variablen erfasst werden. Die Durchführung kann leicht auch ungeübten Personen gelingen. In verschiedenen Modellversuchen haben wir z. B. gute Erfahrungen gemacht mit vorgefertigten Listen an Variablen, aus denen man auswählen kann, um ein Problemsystem zu modellieren. Aber auch eine Kombination aus vorgegebenen und frei wählbaren Systemelementen kann leicht durchgeführt werden. Einen anderen Weg gehen die sog. idiografischen Systemmodelle (Schiepek 1986, 1991), bei denen im Rahmen eines Beratungsgespräch die erfahrenen Beraterinnen und Berater wichtig erscheinende Variablen sammeln und dann zusammen mit den Klientinnen und Klienten Systemmodelle grafisch erarbeiten (etwa an einer Flipchart-Tafel). Allerdings erfordert ein solches offenes Vorgehen auch einiges an Erfahrung und Vorwissen.

Der Schwerpunkt des Papiercomputers liegt auf der Auswertung der Einschätzungen und der ermittelten Schlüsselelemente. Das Verhalten des Systems und auch die Beeinflussungsrichtungen (positives, negatives Feedback oder nichtlineare Zusammenhänge) sind hier zunächst nicht vorgesehen, lassen sich aber „nachrüsten“. Insgesamt bietet der Papiercomputer eine offenere Perspektive an als die stark eingeschränkten Schablonen der eingangs dargestellten Archetypen. Systemmodelle können durchaus vielfältiger sein als es die Archetypen nahelegen. Beiden Methoden ist jedoch gemeinsam, dass sie das Komplexe nicht wirklich thematisieren. Die Archetypen suggerieren die Möglichkeit, Systeme durchschauen zu können. Die Beziehungen zwischen den

Variablen scheinen klar und nachvollziehbar. Der Papiercomputer liefert durch die Machtanalyse der vier Schlüsselelemente vermeintlich leichte Angriffspunkte für Interventionen. Aber der Anschein täuscht, selbst einfach strukturierte Archetypen können sich hochkomplex verhalten. Denn – und das ist durchaus paradox – Komplexität erfordert keine grundsätzlich anderen Bausteine für Systemmodelle, als sie bisher schon behandelt wurden. Wie aus scheinbar einfachen Systemmodellen Komplexität entstehen kann, wird in den folgenden Kapiteln deutlich werden.

Einige Besonderheiten des Systemdenkens:

- Systemdenken bedeutet zunächst das Anerkennen von Wechselwirkungsbeziehungen zwischen Variablen. Schon die Abbildung einfacher Strukturen in einem nichtlinealen Wirkgefüge kann zu neuen Einsichten führen.
- Die Erstellung von Systemmodellen ist ein Akt der Theoriebildung. Aus losen Einzeltatsachen werden Erklärungsmodelle. Diese erlauben dann die Formulierung von Hypothesen und die Ableitung von Interventionsmöglichkeiten.
- Modelle sind aber immer nur so gut wie die Annahmen, die dem Modell zugrunde liegen. Wenn man Müll hineinsteckt, kommt auch nur Müll heraus. Man spricht hier vom GIGO-Problem (*garbage in – garbage out*).
- Die Spielregeln für die Erstellung von Systemmodellen können restriktiv sein (Archetypen) oder offen (Papiercomputer, idiografische Systemmodellierung). Beides hat Vor- und Nachteile.
- Auch wenn man es den bisher dargestellten Systemmodellen nicht zutraut, einige von ihnen sind chaosfähig, können sich also komplex verhalten. Damit werden dann aber einfache Interventionsmöglichkeiten grundsätzlich infrage gestellt. Wie scheinbar einfache Systemmodelle sich komplex verhalten können, wird im folgenden Kapitel deutlich.

Reflexionsfragen

- Kennen Sie den einen oder anderen Archetypus aus der eigenen beruflichen Tätigkeit? Versuchen Sie doch einmal einen zu zeichnen!
- Ein Papiercomputer ist schnell gemacht! Was kommt heraus, wenn Sie Ihr Team mit dem Papiercomputer untersuchen? Nehmen Sie doch einfach die Namen Ihrer Kolleginnen und Kollegen als Variablen! Würden diese die Wirkungen ebenso einschätzen?

3.9 Nun wird es komplex

Es mag paradox erscheinen, aber die bisherigen Ausführungen machen so gar nicht den Eindruck, als ob sie einen Beitrag zur Erklärung des Komplexen liefern könnten.

Alle bisher beschriebenen Systembausteine und Archetypen können in ihrem Verhalten perfekt vorhergesagt werden. Mitunter werden sie aus einer Praxisperspektive sogar als etwas oberflächlich, wenig überraschend und stark vereinfachend wahrgenommen. Aber Geschmäcker sind verschieden und einige Praktikerinnen und Praktiker finden durchaus Gefallen an den griffigen und einleuchtenden Vorstellungen über Regel- und Teufelskreise, die sie als Metaphern in Teambesprechungen zur Sprache bringen.

Die Entdeckung des Komplexen verweist jedoch – völlig überraschend – auf einen grundsätzlichen Irrtum: Systeme, die sich aus einfachen Gesetzmäßigkeiten zusammensetzen, sind in ihrem Verhalten häufig weder trivial noch leicht greifbar oder intuitiv. Systeme mit gemischtem Feedback, in denen sich positive und negative Rückkopplungen frei entfalten können, zeigen häufig ein vollkommen anderes Verhalten, als es die positiven und negativen Feedbackprozesse vermuten lassen. Dieses Verhalten kann unglaublich komplex ausfallen und im Detail nicht mehr vorhergesagt werden, auch dann nicht, wenn das System auf den ersten Blick einfach strukturiert erscheint und alle Systemelemente und Wechselwirkungen auf das Genaueste bekannt sind. Komplexe Unvorhersehbarkeit kann aus vollkommen trivial strukturierten Systemen resultieren.

Damit Komplexität entsteht, genügt es, dass positives und negatives Feedback in einem System so zusammenwirken, dass sie sich nicht gegenseitig aufheben oder die eine Art von Feedback gegenüber der anderen deutlich dominiert (an der Heiden & Mackey 1987). Die oben vorgestellten Systemarchetypen werden jeweils bestimmt von einem negativen oder einem positiven Feedback. Diese Dominanz ist dabei jeweils so stark, dass sich eine Form des Feedbacks durchsetzt und ein Verhalten resultiert, das nur einem einfachen Regel- oder Teufelskreis entspricht. Wenn sich aber in einem System verstärkende Tendenzen und negatives Feedback unabhängig voneinander entfalten können, kann es zu einem Verhalten kommen, das am ehesten mit einem gigantischen Rührwerk zu vergleichen ist. Dieses Rührwerk folgt aus den Prinzipien der beiden Feedbackprozesse.

Dass positive Feedbackprozesse zu exponentiellem Wachstum führen, wurde oben bereits deutlich. Insbesondere der Josefs-Cent zeigt, wie minimale Ausgangswerte (nur ein Cent) in endlicher Zeit (nur rund 2000 Jahre) unfassbar hohe Beträge produzieren: mehrere Billionen Monde in Gold aufgewogen. Genau so etwas geschieht auch in komplexen Systemen. Minimale Unterschiede werden rasend schnell (exponentiell) verstärkt. Gleichzeitig versucht das negative Feedback, das System an der „Explosion“ zu hindern. Es führt die auseinanderdriftenden Entwicklungen beständig wieder zusammen. Dies generiert in Kombination eine extrem effiziente Rührmaschine, in der winzige Unterschiede erst rasant an Stärke gewinnen und dann wieder rückreguliert werden. Der Chemiker Erwin Rössler (1976) hat das mit einem Knetvorgang verglichen, mit dem auch eine Bäckerin oder ein Bäcker den Brotteig durchknetet. Der Teigklumpen wird auf der Arbeitsplatte zunächst auseinandergedrückt oder -gewalzt. Was gerade noch dicht beisammen war, wird auseinandergetrieben. Danach wird der Teig zusammengefaltet und wieder zu einem Klumpen vereint, bevor er erneut ausgewalzt und wieder zusammengelegt wird. Positives Feedback beim Auswalzen und negatives beim Zusammenlegen führen nach und nach zum gründlichen Durchmischen der Teigmasse (Abbildung 17). Zwei Rosinen, die man zu Beginn an möglichst der gleichen Stelle in den Klumpen gegeben hat, werden zunächst auseinandergetrieben und finden durch die anschließende Faltung eventuell wieder zueinander, bevor sie wieder auseinandergerissen werden usw. Schon nach kurzer Zeit kann nicht mehr vorhergesagt werden, wo sich die ursprünglich nahe benachbarten Rosinen aktuell befinden.

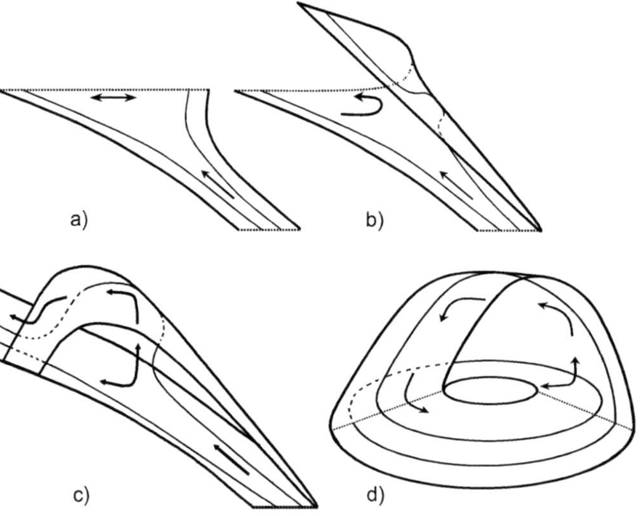

Abbildung 17: Bäckertransformation
Darstellung der sogenannten Bäckertransformation, die in einem Knetvorgang divergierende Trajektorien (a) zurückfaltet (b) und (c). Zudem laufen die Prozesse mit der Zeit in sich zurück (d). Der Knetvorgang beginnt erneut (Abbildung aus: Strunk & Schiepek 2006, S. 215).

Henri Poincaré entdeckte ein solches Verhalten bei der Vorhersage von Planetenbahnen. Minimale Unterschiede, etwa die Berechnung der Bahnen mit unterschiedlichen Nachkommastellen, führten schon nach kurzer Zeit zu völlig unterschiedlichen Bahnverläufen. Der Verstärkungseffekt der ursprünglich minimalen Unterschiede stellte sich als so dramatisch heraus, dass sich eine verlässliche Prognose nur sehr kurzfristig, nicht aber auf Dauer durchführen lässt. Interessant an der Entdeckung ist der Umstand, dass sich die Bahnen von nur zwei Himmelskörpern perfekt vorhersagen lassen. Aber ab der Berücksichtigung von mindestens drei Körpern tritt das Problem der mangelnden Vorhersagbarkeit auf. Das ging als Poincarés berühmtes *Drei-Körper-Problem* in die Geschichte ein. Man muss nur bis drei zählen können, dann beginnt das Chaos.

Aber, kann das nicht auch bedeuten, dass die Newtonschen Gesetze eben nur bei zwei Körpern funktionieren und bei dreien einen Fehler enthalten? Vorsicht, diese Frage führt in die Irre! Es ist für ein Büchlein über das Management des Komplexen vollkommen belanglos, ob die Gesetze der Planentenbahnen wirklich exakt die Gegebenheiten realer Himmelskörper abbilden. Viel interessanter, weil auf viele und vielfältige Systeme anwendbar, ist die Tatsache, dass das, was bei zwei Systemelementen perfekt funktioniert, bei dreien grandios fehlschlägt, ohne dass man etwas anderes gemacht hätte, als einfache und seit Jahrhunderten bekannte Gesetze zu einem etwas größeren Ganzen zusammenzufügen. Dabei genügt es in diesem Fall bereits, anstelle von zwei Himmelskörpern drei zu betrachten. Ein System aus nur drei Elementen ist weit davon entfernt, unüberschaubar zu erscheinen. Umso erstaunlicher ist die hierbei auftretende Nichtvorhersagbarkeit. Bereits Newton selbst soll versucht haben, seine Gleichungen auf drei Himmelskörper anzuwenden. Er scheiterte, wäre aber nie auf die Idee gekommen, dass eine vollständige Lösung gar nicht möglich ist (vgl. dazu auch Strunk & Schiepek 2006). Heute weiß man auch aus empirischen Beobachtungen, dass es solche chaotischen Phänomene im Universum tatsächlich gibt (Parker 1996).

In den 1960er-Jahren entdeckte der Meteorologe Edward N. Lorenz die dramatische Verstärkung minimaler Unterschiede in einem ganz anderen System noch einmal neu. Sein Wettermodell lieferte auf zwei verschiedenen Computern vollkommen unterschiedliche Wetterprognosen (Lorenz 1963). Seine Berechnungen beruhten nur auf drei Systemelementen und mathematisch gut bekannten Wechselwirkungen zwischen diesen drei Größen. Bewusst hatte er ein einfaches Modell mit nur drei Variablen für seine Forschung ausgewählt. Dieses war keineswegs unüberschaubar – dennoch unterschieden sich die Prognosen des Großrechners seiner Universität dramatisch von den Prognosen eines kleineren Bürorechners. Zunächst glaubte Lorenz an einen Programmierfehler, so dramatisch anders fielen die Ergebnisse aus. Sie schienen nicht von demselben System generiert worden zu sein. Doch ein Programmierfehler lag nicht vor. Der Großrechner berücksichtigte mehr Nachkommastellen für die Berechnung als der kleinere, weniger leistungsfähigere Computer aus dem Büro. Dieser Unterschied genügte (eine ausführlich Darstellung der Entdeckung findet sich in Peitgen et al. 1992, S. 59 ff.).

Lorenz stand damals vor einem bedeutsamen Problem und ein schneller Fehlschluss wäre es gewesen, dann doch dem Großrechner zu vertrauen und dessen Ergebnisse als die korrekten zu akzeptieren. Es liegt ja zunächst durchaus nahe zu glauben, dass die Prognose des Tischrechners eben unbrauchbar ist, wenn er mit zu wenigen Nachkommastellen rechnet. Tatsächlich wäre diese Schlussfolgerung zu einfach. Denn offen bliebe ja, wie viele Nachkommastellen für eine exakte Wetterprognose genügen würden. Auch der Großrechner muss runden. Sollte nicht ein noch größerer Rechner noch bessere Prognosen ermöglichen? Es stellte sich heraus, dass der Berechnungsunterschied exponentiell verstärkt wird und sich schnell dramatisch auswirkt, egal wie genau man rechnet. Die in allen Daten immer vorhandene Unschärfe wird so schnell verstärkt, dass jede neue Nachkommastelle, die ein viel teurerer Computer berücksichtigen könnte, nur einen vernachlässigbar kleinen Gewinn an Präzision brächte. Auf einer Konferenz stellte Lorenz seine Ergebnisse vor und ein Kollege fasste die Befunde pointiert zusammen: Wenn das stimme, was Lorenz berichte, dann würde der Flügelschlag eines Schmetterlings genügen, um eine Wetterprognose unbrauchbar zu machen. Egal wie klein die Erschütterung wäre, diese mikroskopischen Unterschiede würden sich exponentiell verstärken und nach relativ kurzer Zeit zu einem völlig anderen Wetter führen. Der Begriff des *Schmetterlingseffekts* war geboren. Er beschreibt die exponentielle Verstärkung beliebig kleiner Unterschiede, die in komplexen Systemen jede Prognose letztlich unmöglich macht.

Es ist interessant zu sehen, wie einfach das Wettermodell von Lorenz war. Die drei Variablen repräsentieren physikalische Größen wie Temperaturunterschiede zwischen oberen und unteren Luftschichten (vgl. Abbildung 40). Die Details sind hier nicht von Interesse, wir sind ja auch keine Meteorologen. Auffällig ist aber, dass das System nicht viel komplizierter aussieht als eines der oben vorgestellten Archetypen. Mit nur drei Variablen ist es sogar kleiner als einige der bisher diskutierten Systeme. Auch die Mathematik, mit der Lorenz das Systemmodell in einer Computersimulation abbildete, geht über einfache Schulmathematik nicht hinaus.

Komplexe Systeme können aus wenigen Elementen bestehen und lassen sich mit einfacher Mathematik zwar im Computer simulieren, sind aber dennoch nicht im Detail vorhersehbar. Das ist das eigentlich „Skandalöse" an komplexen Systemen. Sie sind prinzipiell nicht vorhersehbar, auch dann nicht, wenn man alles von ihnen weiß und sie nur aus ganz wenigen Elementen bestehen. Nicht die Zahl der Elemente oder die Abgehobenheit der Mathematik macht die Komplexität aus, sondern das Durchmischen der Systemzustände durch positives und negatives Feedback.

Ein Fallbeispiel soll helfen, die hier beschriebenen Zusammenhänge zu verdeutlichen. Es geht um ein Naherholungsgebiet vor den Grenzen einer großen Stadt und darum, wie viele Menschen dort Tag für Tag Erholung suchen. Es ist selbstverständlich, dass dabei sehr viele Einflussgrößen eine Rolle spielen. Das Fallbeispiel kann diese nicht alle berücksichtigen. Es wird daher sehr viel einfacher sein als die Realität, aber das genau ist seine Stärke: Es soll möglichst überschaubar und gut nachvollziehbar sein. Es geht darum, transparent und nachvollziehbar zu zeigen, dass Chaos bereits in einfachen Systemen entstehen kann.

Vor den Toren der großen Stadt findet sich ein beliebtes Naherholungsgebiet mit einem kleinen See und einem netten Uferbereich. Es ist verständlich, dass dieses verlockende Fleckchen Erde im Sommer viel besucht wird. Kommen aber zu viele Erholungssuchende, dann kann aus Freude Frust werden: Müll vom Picknick und Sonnencreme im Wasser bedeuten eine natürliche Grenze für den Erholungswert. Kommen zu viele Städter, dann kippt das Ökosystem, der See fängt an zu stinken und aus ist es mit dem Idyll. Doch sobald der Sommer beginnt, fängt immer das gleiche Spiel an. Die ersten entdecken den kleinen See und erzählen ihren Freundinnen und Bekannten von den wunderbaren Erholungsmöglichkeiten. Aber je mehr kommen, desto mehr wenden sich auch wieder ab und sind enttäuscht vom überlaufenen Strand und dem zunehmend dreckigen Wasser (Abbildung 18).

Abbildung 18: Sommer, Sonne, Strand – Badegäste eines Naherholungsgebiets
Weniger Elemente als so mancher Archetypus enthält das Badegäste-System. Die Zahl der Badegäste erhöht sich durch diejenigen, die begeistert sind und das weitererzählen. Die Enttäuschten verringern die Zahl. Beide sind umso mehr vorhanden, je mehr Gäste insgesamt kommen.

Wenn wir annehmen, dass mit 100 % genau die Zahl an Erholungssuchenden festgelegt ist, die das Naherholungsgebiet gerade noch aushält, dann kann man eine einfache Gleichung aufstellen, um von Tag zu Tag die Zahl der Badegäste vorherzusagen. Angenommen, am ersten Tag kommen rund 10 % der maximal möglichen Personen zum Baden. Die Berechnung wird einfacher, wenn man für 10 % die Zahl 0,1 schreibt (100 % entspricht 1,0 und 50 % 0,5 usw.). Sagt nun jeder Badegast vier Personen den Geheimtipp weiter und kommen auch alle vier Personen, dann wird aus den 0,1 des ersten Tages 0,4 am nächsten Tag und 1,6 am übernächsten. Da bei 1,0 schon die

Grenze des Möglichen erreicht ist, wäre der Sommerspaß schon am dritten Tag vorbei. Glücklicherweise bleiben aber auch immer einige Leute weg, die sich von den wachsenden Menschenmassen gestört fühlen. Wie viele könnten das sein? Bei solchen Systemen hat sich herausgestellt, dass man mit dem Quadrat der Vortageszahl ganz brauchbare Ergebnisse erhält. Aus den 0,1 des Vortages werden 0,1 mal 0,1 gestörte Badegäste und diese erzählen ebenfalls vier Personen weiter, dass sie gar nicht begeistert von dem See waren. Möchte man nun die Zahl der Badegäste für den zweiten Tag ausrechnen, muss man die Zahl der Begeisterten ausrechnen, das wären 0,4 und davon die Abgeschreckten abziehen, das wären 0,04. Für den nächsten Tag würden wir also 0,36 erhalten. Diese 0,36 sagen es erneut vier Personen weiter und die 0,36 mal 0,36, also 0,1296 genervten Gäste erzählen es ebenfalls vier Personen weiter.

Es ist vielleicht etwas mühselig, aber nicht schwer, von Tag zu Tag eine Vorhersage anzufertigen. Auch erscheint das Modell nicht völlig unplausibel. Die Zahl der Multiplikatoren – hier mit vier angenommen – könnte eine andere sein, sie könnte unterschiedlich bei den Begeisterten und bei den Genervten sein, aber es spricht wenig dafür, das Grundprinzip der Berechnung für völlig unsinnig zu halten. Es ist einfach und vielleicht geeignet für eine grobe Vorhersage der Zahl der Badegäste.

Sonderbar sind jedoch die Ergebnisse der Vorhersage für die ersten zehn Wochen eines wunderbaren Sommers (Tabelle 2). Am 13. Tag erreicht das System mit 0,9999 seine Schmerzgrenze. Am nächsten Tag kommt kaum noch jemand. Aber das System ist nicht gekippt. Es erholt sich wieder. Von Tag zu Tag kommen wieder mehr Gäste an den See und am 23. Tag sind erneut Werte knapp bei 1,0 erreicht. Mit 97 % ist die Auslastung schon extrem hoch, aber in den Folgetagen geht es, anders als beim letzten Mal, nur bis auf 13 % zurück, um dann gleich über 44 % erneut auf knapp 99 % zu steigen. Aber auch diesmal ist der anschließende Rückgang nur kurzfristig merkbar. Schaut man sich die Ergebnisse genauer an, dann erstaunt, wie erratisch sich das System verhält. Es pendelt sich nicht auf einen festen Wert ein, scheint keine Zyklen auszubilden und irgendwie zumindest grob identifizierbare, sich wiederholende Muster scheinen nicht aufzutreten.

Tatsächlich findet man in den ganzen 71 Tagen keine Zahl, die exakt gleich noch einmal vorkommt. Wer sich die Mühe macht und das System in einer Tabellenkalkulation noch einige Jahre weiter vorhersagt, wird feststellen, dass auch nach einigen tausend Berechnungen kein zweites Mal die gleiche Zahl auftritt. Das System verhält sich komplex, und auch wenn man unendlich viele Tage vorausberechnen könnte, gibt es keinen exakten Zahlenwert doppelt. Zwischen 0 und 1 passen unendlich viele Zahlen und unser einfaches Beispielsystem wiederholt sich nicht.

Tabelle 2: Berechnung des Badeseebeispiels für 71 Tage

	Auslastung des Badesees			Auslastung des Badesees	
Tage	4* Vortag – 4* Vortag*Vortag	4* Vortag * (1 – Vortag)	Tage	4* Vortag – 4* Vortag*Vortag	4*Vortag * (1 – Vortag)
1. Tag	0,1000000000	0,1000000000		...	...
2. Tag	0,3600000000	0,2600000000	46. Tag	0,4735879196	0,4742553753
3. Tag	0,9216000000	0,9216000000	47. Tag	0,9972096080	0,9973488572
4. Tag	0,2890137600	0,2890137600	48. Tag	0,0111304227	0,0105764570
	...	...	49. Tag	0,0440261457	0,0418583821
12. Tag	0,5039236459	0,5039236459	50. Tag	0,1683513769	0,1604250319
13. Tag	0,9999384200	0,9999384200	51. Tag	0,5600367632	0,5387553643
14. Tag	0,0002463048	0,0002463048	52. Tag	0,9855823482	0,9939920870
15. Tag	0,0009849765	0,0009849765	53. Tag	0,0568391323	0,0238872721
16. Tag	0,0039360251	0,0009849765	54. Tag	0,2144337813	0,0932666813
17. Tag	0,0156821314	0,0156821314	55. Tag	0,6738077389	0,3382720299
18. Tag	0,0617448085	0,0617448085	56. Tag	0,8791634795	0,8953762548
19. Tag	0,2317295484	0,2317295484	57. Tag	0,4249402232	0,3747104686
20. Tag	0,7121238592	0,7121238592	58. Tag	0,9774641196	0,9372101333
21. Tag	0,8200138734	0,8200138734	59. Tag	0,0881120580	0,2353891973
22. Tag	0,5903644833	0,5903644833	60. Tag	0,3213932928	0,7199244925
23. Tag	0,9673370406	0,9673370406	61. Tag	0,8723985766	0,8065328705
24. Tag	0,1263843619	0,1263843618	62. Tag	0,4452772005	0,6241503973
25. Tag	0,4416454200	0,4416454917	63. Tag	0,9880216609	0,9383467154
26. Tag	0,9863789720	0,9863789718	64. Tag	0,0473394341	0,2314086283
27. Tag	0,0537419825	0,0537419830	65. Tag	0,1803936482	0,7114347002
28. Tag	0,2034151272	0,2034151292	66. Tag	0,5914071196	0,8211814702
29. Tag	0,6481496528	0,6481496577	67. Tag	0,9665789539	0,5873698529
30. Tag	0,9122067214	0,9122067157	68. Tag	0,1292163190	0,9694660352
31. Tag	0,3203424752	0,3203424942	69. Tag	0,4500778475	0,1184065670
32. Tag	0,8708926951	0,8707927225	70. Tag	0,9900311148	0,4175458077
33. Tag	0,4497544349	0,4497543537	71. Tag	0,0394780262	0,9728052247

Anmerkung: Die Tabelle zeigt zwei – mathematisch identische – Möglichkeiten, die Zahl der Badegäste auszurechnen. Zunächst stimmen die Ergebnisse auch überein – aber dann?

Die fehlende Periodizität sollte bereits ein gewisses Erstaunen hervorrufen! Eine einfache Gleichung produziert Zahlenwerte, deren Abfolge nicht noch einmal von vorn beginnt, das ist schon ein gewisses Erstaunen wert. Tatsächlich fällt es schwer, irgendein Muster in den Daten auszumachen. Es ist zwar bemerkbar, dass Werte nahe bei 1 anschließend zu einer dramatischen Verringerung führen, aber auch das ist nicht ganz sicher und die Auswirkung scheint nicht immer gleich zu sein. Auch erholt sich das

System nach einem Absturz auf sehr kleine Werte immer nur sehr langsam, aber auch hier ist eine exakte Vorhersage nicht möglich.

Etwas unheimlich wird die Beschäftigung mit der Gleichung, wenn man zwei verschiedene Berechnungsmöglichkeiten miteinander vergleicht. Wir hatten oben vorgeschlagen, die Zahl der begeisterten und die Zahl der genervten Badegäste einzeln auszurechnen, mal vier zu nehmen und voneinander abzuziehen. Man muss dann aber zweimal die gleiche Rechenoperation durchführen. Es geht also auch einfacher: In beiden Fällen ist eine Multiplikation mit vier nötig. Ist x die Zahl der Badegäste des Vortags, dann wird sie zweimal mit vier multipliziert: $4 \times x - 4 \times x \times x$. Zwar wird rechts hinter dem Minuszeichen dann noch ein weiteres Mal mit x multipliziert, aber der erste Teil ist links und rechts vom Minuszeichen identisch. Man kann daher diesen ersten Teil einmal ausrechnen und mit $(1 - x)$ multiplizieren und erhält die gleiche Berechnung wie vorher. Man kann es auch anders aufschreiben: $4 \times x \times (1 - x)$ ist das Gleiche wie $4 \times x - 4 \times x \times x$. Allerdings ist es manchmal einfacher, erst $4 \times x$ auszurechnen und dann mit $(1 - x)$ zu multiplizieren. Wenn Sie jetzt nicht sofort sehen, dass das die gleichen Ergebnisse liefern muss, dann probieren Sie es doch einmal mit einfachen Zahlen aus. In der Schule lernt man dieses Ausklammern etwa im 5. Schuljahr. Das ist also keine große mathematische Hexerei. Die Wirkung bei unseren Badegästebeispiel ist jedoch enorm: berechnet man alle Sommertage mit $4 \times x - 4 \times x \times x$, dann erhält man für den Tag 71 rund 4 % Badegäste. Rechnet man alles mit $4 \times x \times (1 - x)$, dann ergibt sich für diesen Tag ein ganz anderer Wert. Rund 97 % würde man nach der zweiten Berechnungsmethode vorhersagen. Wie kommt es zu dem Unterschied, der kaum größer sein könnte? Welche Berechnung stimmt?

Die beiden Gleichungen sind mathematisch vollkommen identisch, aber das hindert sie nicht daran, völlig unterschiedliche Ergebnisse zu produzieren. Vergleicht man die beiden Gleichungen Schritt für Schritt miteinander, dann kann man feststellen, dass sie für die ersten Tage exakt die gleichen Ergebnisse liefern. Irgendwann scheint sich aber ein Unterschied einzuschleichen. Den kann man zunächst nur an der 10. Nachkommastelle sehen. Plötzlich ist er da und dann wächst er dramatisch an. Er entwickelt sich exponentiell und treibt die Berechnungsergebnisse schnell auseinander. Das System kann jedoch keine kleineren Werte als null und keine größeren als eins annehmen. Negatives Feedback sorgt dafür, indem es die exponentielle Divergenz begrenzt und die Ergebnisse wieder zurückfaltet. Sie nähern sich kurzfristig an, um dann erneut auseinanderzulaufen. Ich hatte dieses sich durchmischende Verhalten bereits als typisch für chaotische Systeme beschrieben (siehe oben zur Bäckertransformation).

Doch wo kommt der plötzliche Unterschied her? Eigentlich ist das für das Verständnis von Chaos irrelevant: In realen Systemen genügt es, dass man irgendeinen kleinen Einfluss nicht berücksichtigt und schon erhält man andere Prognosen. Der Schmetterling, der mit den Flügeln schlägt, genügt, um eine Lawine unterschiedlicher Ergebnisse in Gang zu setzen. Erstaunlich ist nur, dass dieser Schmetterling in der Tabellenkalkulation zu wohnen scheint. Tatsächlich beruht die plötzliche Divergenz der Ergebnisse auf Rundungsunterschieden. Man rechnet bei beiden Gleichungen exakt die gleichen Rechenschritte, aber in unterschiedlicher Reihenfolge. Da pro Vorhersagetag immer mehr Nachkommastellen eine Bedeutung erhalten, ist irgendwann die maximale Genauigkeit des Computers ausgeschöpft. Er rundet. Und da das in unterschiedlicher Reihenfolge geschieht, kann eine winzige Differenz an der letzten berücksichtigten Nachkommastelle auftreten (in der Regel sind es 16 Nachkommastellen, die berücksichtigt werden). Jetzt greift aber die Rührmaschine der Bäckertransformation und bläst den winzigen Unterschied schnell auf merkbare Größe auf. Daraus folgt aber auch, dass keine der beiden Gleichungen der anderen überlegen ist. Zugleich gibt es noch weitere Möglichkeiten, die Berechnung durchzuführen. Jedes Mal ergeben sich nach wenigen Berechnungsschritten durch den Schmetterlingseffekt völlig unterschiedliche Resultate. Keines der Ergebnisse kann gegenüber den anderen einen Vorzug geltend machen. Alle sind gleich untauglich für die langfristige Vorhersage des Systems.

Dieses einfache und leicht überschaubare System ist langfristig nicht prognostizierbar. Allenfalls ist eine kurzfristige Prognose möglich, solange der Schmetterlingseffekt noch nicht zu vollkommen absurden Ergebnissen geführt hat. Wettervorhersagen sind vielleicht für drei bis vier Tage realistisch, darüber hinaus wird es schnell unseriös. Beim Badebeispiel erreicht der Schmetterlingseffekt der beiden Gleichungen nach 53 Tagen Unterschiede im einstelligen Prozentbereich, am nächsten Tag sind die Unterschiede bereits zweistellig.

Es mag sein, dass Sie immer noch das Gefühl haben, einer mathematischen Trickserei aufgesessen zu sein. Eine Studentin war vom Schmetterlingseffekt in dieser als *Verhulst-System* bezeichneten Gleichung so verstört, dass sie sich noch nicht so schnell geschlagen geben zu wollte (erstmals vorgestellt wurde das System von Verhulst 1844 zur Modellierung des Wachstums von Tierpopulationen bei Ressourcenbegrenzung). Sie würde bis zum nächsten Seminartag die ersten 500 Berechnungsergebnisse des Systems völlig exakt ausrechnen, so lautete ihre Ankündigung.

Als geübte Programmiererin war es für sie ein Leichtes, ein Programm zu schreiben, das immer mit allen Nachkommastellen rechnet. Da es beim schriftlichen Rechnen mit Papier und Bleistift auch keine Begrenzung der Nachkommastellen gibt, genügt es, dieses Vorgehen als Computerprogramm zu implementieren und eine beliebige Genauigkeit zu erzielen. Da diese Form der Berechnung lange dauern kann und mehr Speicher benötigt, brechen Computer nach 16 Stellen ab, aber prinzipiell ist es kein Problem, ein Programm zu schreiben, welches nicht abbricht.

Das Erstaunen war groß, als sie feststellen musste, dass sich die Zahl der Nachkommastellen von Berechnungsschritt zu Berechnungsschritt verdoppelt. Ein solches Wachstum hatte schon der Kaiser von China unterschätzt (siehe oben). Die Vorhersage der ersten 500 (!) Berechnungsergebnisse würde mit einem schnellen Computer ungefähr so lange dauern, wie das Universum bisher existiert. Der Versuch einer „exakten" Berechnung des Verhulst-Systems zeigt anschaulich, wie unmöglich ein solches Unterfangen wäre. Alle Zeit der Welt würde nicht ausreichen, um nur einige Berechnungsergebnisse exakt zu bestimmen. Eine verlässliche Prognose ist damit ausgeschlossen.

Pierre Simon de Laplace war davon ausgegangen, dass alles in der Welt nach Naturgesetzen geschieht. Dem widerspricht auch die Chaosforschung nicht. Er hatte daraus aber gefolgert, dass ein System bei Kenntnis der relevanten Gesetzmäßigkeiten beliebig genau prognostiziert werden kann. Diese Annahme wird von der Komplexitätstheorie zurückgewiesen: Auch bei exakter Kenntnis eines chaotischen Systems ist sein Verhalten nur begrenzt und niemals vollständig vorhersagbar. Zudem ist mit „niemals vollständig" nicht ein geringfügiger Fehler gemeint, sondern ein dramatischer *Schmetterlingseffekt*, der Vorhersagen komplett unbrauchbar macht. Leider kann man die unbrauchbaren Prognosen nicht leicht als solche erkennen. Sie sehen aus wie das typische Systemverhalten, aber sie stimmen nicht.

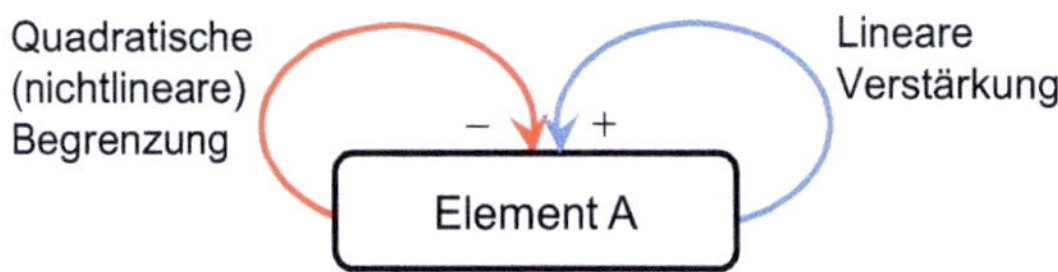

Abbildung 19: Grundgerüst der Verhulst-Systems
Die Grundstruktur des Verhulst-Systems kann als Vorlage (Archetypus) für zahlreiche Phänomene genutzt werden. Es vereint eine lineare Verstärkung mit einem negativen quadratischen Feedback. Eine solche Struktur ist typisch für Wachstumsprozesse in einem begrenzten Lebensraum.

In der Literatur finden sich zahlreiche interessante Gleichungssysteme, die Schmetterlingseffekte aufweisen, sich also chaotisch verhalten. Das für unsere Badetage am See verwendete Verhulst-System gilt dabei als das bekannteste und als mathematisch besonders einfach. Gleichzeitig ist das Prinzip des Systems so universell und einleuchtend, dass man es mit einigem Recht ebenfalls als „archetypisch" für zahlreiche empirische Phänomene ansehen könnte.

Das Grundgerüst des Verhulst-Systems lautet: Einem einfachen, proportional wirkenden Verstärkungsprozess steht ein quadratisch wachsender Prozess mit negativem Feedback gegenüber (Abbildung 19). Das System kennt dadurch eine Art Belastungsgrenze, in deren Nähe es besonders stark mit negativem Feedback reagiert. Die folgenden Phänomene könnten sich mit diesem einfachen chaotischen Archetypus beschreiben lassen:

- Arbeit und Selbstausbeutung bis zum Umfallen mit anschließender körperlicher wie psychischer Erschöpfung.
- Wachsende Zahl an Anbietern für ein Produkt bei gleichzeitig begrenzter Nachfrage.

Weitere Beispiele lassen sich nach der genannten Schablone schnell finden. Natürlich kann ohne aufwändige empirische Studien nicht sicher gewusst werden, ob diese oder andere Beispielsysteme sich auch tatsächlich chaotisch verhalten. Wir werden zudem noch sehen, dass auch das Verhulst-System nicht unter allen Bedingungen Chaos erzeugt. Aber auch wenn die exakte Prüfung auf Chaos im Alltag nicht immer durchgeführt werden kann, bedeuten diese Überlegungen dennoch, dass Chaos für Systeme, die sowohl über positives *als auch* negatives Feedback verfügen, ein mögliches Verhalten ist. In welchen Systemen sind nicht gleichzeitig aktivierende und inhibierende Prozesse wirksam? Genauer: In welchen realen Systemen ist das ganz sicher nicht der Fall? – Genau, mir fällt auch kein Beispiel ein. Daher muss mit Chaos in allen realen Systemen jederzeit gerechnet werden.

3.9.1 Voraussetzungen für das Auftreten von Komplexität

Komplexität, so wie sie in chaotischen Systemen auftritt, ist eine schwer zu schluckende Pille. Diejenigen, die da keine Schluckbeschwerden bekommen, sollten vielleicht die vorangegangenen Abschnitte noch einmal lesen. Denn das Chaos widerspricht dramatisch den Grundannahmen naturwissenschaftlich fundierten Denkens, des Denkens in Ursache und Wirkung. Wie kann es geschehen, dass ein einfaches mathematisches System sich unvorhersehbar verhält?

Schaut man in die Managementliteratur, dann quillt sie fast über mit Aussagen über das Komplexe. Alle reden davon, aber kaum jemand sagt, was damit gemeint sein soll. In der renommiertesten wissenschaftlichen Zeitschrift zu Fragen des Managements, dem *Academy of Management Journal* findet sich im Jahr 2018 und dem Frühjahr 2019 rund 350 Mal das Wort Komplexität (in insgesamt 99 Artikeln). Bohata (2019) hat die Verwendung des Wortes genauer untersucht und kann feststellen, dass es sich bei 46 % um reine Floskeln handelt. Aber auch der Rest ist weitgehend unklar. Bezüge zu einer Komplexitätstheorie scheint es nur in einem Artikel zu geben und auch dort geht die Diskussion nicht sonderlich tief. Die häufigste Verwendung des Wortes (25 %) findet sich im Zusammenhang mit einem gegenüber dem Normalen erhöhten Aufwand. Etwas, das schwieriger zu bewältigen ist, als man gemeinhin annehmen würde, gilt hier als komplex. Die Ursachen dafür werden recht häufig (19 %) in der Anzahl der an einem Problem beteiligten Variablen gesehen. Die drei Spielarten von „Komplexität" – entweder als Floskel, als erhöhter Aufwand oder als etwas, das von der Größe des Systems abhängt – umfassen zusammen 90 % aller Textstellen. Den Stand der Komplexitätsforschung geben sie nicht wieder. Das ist umso erstaunlicher, wenn man bedenkt, dass gleichzeitig behauptet wird, dass wir in einer immer komplexer werdenden Welt leben. Komplexität wird nicht selten als die zentrale Herausforderung des Managements benannt, da erstaunt es doch ein wenig, wenn auch in wissenschaftlichen Arbeiten des überaus angesehenen *Academy of Management Journal* Kenntnisse aus der Komplexitätsforschung ignoriert werden. Malik (2014) schreibt über das Verhältnis von Komplexität und Management:

> Für das Meistern der „Großen Transformation 21" benötigen so gut wie alle gesellschaftlichen Organisationen neue, komplexitätstaugliche Managementsysteme und innovative Instrumente [...].
> Komplexität ist aber auch der Rohstoff für organisationale Intelligenz. Diese freizusetzen und wirksam zu machen ist einer der wichtigsten Schlüssel für das Management von großen Veränderungen und für das adaptive und evolutionsfähige Funktionieren aller Organisationsarten. (Malik, 2014, S. 13)

Dass „Komplexität" auf der einen Seite zwar erlebt und im Management zunehmend offener als Problem angesprochen wird, aber auf der anderen Seite das Wissen über das Entstehen und den Umgang mit Komplexität kaum diskutiert wird, liegt wahrscheinlich daran, wie schwer die Botschaft der Komplexitätstheorie wiegt: Chaos ist die Regel und nicht die Ausnahme und Chaos wird sich mit den üblichen Mitteln nicht beseitigen lassen. Es geht nicht weg, nur weil man besser plant oder mehr kontrolliert – und das ist gut so (davon später mehr).

Schuld an der Widerspenstigkeit der Komplexität ist die Hoffnung darauf, dass es sie eigentlich nicht gibt. Wenn Einstein ausruft, dass der liebe Gott nicht würfelt (Einstein et al. 1972), dann meint er die Hoffnung darauf, dass eine Theorie falsch sein müsse, die Zufallsprozesse als gegeben hinnimmt. Der Glaube daran, dass die Welt verstanden werden kann, ist wahrscheinlich so alt wie die Menschheit. Wie unfair wäre eine Welt, die nicht verstanden werden könnte? Das mag auch der Grund sein, warum griechische Philosophen „postuliert" haben (nicht etwa bewiesen oder herausgefunden), dass die Welt verstanden werden kann, etwa mit der Sprache der Mathematik sowie philosophischer und wissenschaftlicher Methoden (vgl. Schrödinger 1989/1958, S. 57).

Ein revolutionärer Schlüssel zum Verständnis der Welt wurde Galileis Idee des Experiments (Galilei 1964/1638). In einem Experiment hält man alles konstant bis auf eine Größe, die man variiert und deren Auswirkung auf eine andere Variable man untersucht. So werden zwei Variablen herausgegriffen, die eine davon wird manipuliert, die andere zeigt sich davon beeinflusst oder nicht. Eine Welt, in der alles mit allem zusammenhängt, kann man nicht auf einen Schlag als ein Ganzes durchschauen – so lautet Galileis Grundannahme. Stattdessen schlägt er vor, sie zu zerlegen (lat. zu analysieren) und in kleinen Schritten Stück für Stück zu untersuchen. Was ihm nicht bewusst war: Mit dieser Methode schließt man Komplexität systematisch aus. Komplexität kann in Experimenten nicht auftreten, weil keine Feedbacksysteme untersucht werden. Eigentlich sollte es nach zahlreichen Experimenten möglich sein, die Einzelbefunde zu einem größeren System zusammenzusetzen.

Dass das nicht so leicht geht, fiel bereits Newton auf, ließ sich aber erklären mit dem immensen Rechenaufwand, der entsteht, wenn gleichzeitig mehrere Gesetzmäßigkeiten zu berücksichtigen sind. Man hatte die Methode des Experiments ja gerade dafür ersonnen, nicht alles auf einmal betrachten zu müssen. In die gleiche Kerbe schlägt die Entscheidung, möglichst auf nichtlineare Beziehungen zwischen Variablen zu verzichten. Auch hier war der Rechenaufwand zu groß. Aber lineare Systeme können nicht komplex sein. Wenn man bedenkt, dass fast alle Forschungsmethoden, die in der BWL und VWL eingesetzt werden mit linearen Korrelationen, Regressionen etc. operieren, kann man vielleicht nachvollziehen, warum Chaos so schwer akzeptiert wird. Es kann hier schlicht nicht auftreten. Die Ordnung der Welt ist ein Kunstprodukt der Forschungsmethode. Sie ist keine Eigenschaft der Welt an sich.

Mit dazu beigetragen hat ein Desinteresse an der Rolle der Energie, die Systeme benötigen, um sich überhaupt langfristig verhalten zu können. Ohne Energieversorgung verharrt ein System in Bewegungslosigkeit und die ist leichter zu verstehen als eine erratische Dynamik – angeregt durch einen hohen Energiedurchsatz (Prigogine 1955, Nicolis & Prigogine 1987). Chaos – und damit Komplexität – werden dort möglich, wo diese Beschränkungen nicht gelten. In der Natur ist es fast immer der Fall. Im Laborexperiment wird viel dafür getan, dass das Chaos draußen bleibt.

Es sind also methodische Entscheidungen, die dazu führen, dass Chaos im Labor in der Regel nicht auftritt. Erst wenn man sich über diese Beschränkungen hinwegsetzt, ist man in der Lage, Komplexität auch zu erleben. Aus diesen Überlegungen kann eine Checkliste zusammengestellt werden. Sobald man für alle Fragen der Checkliste ein „wahrscheinlich“ oder „sehr wahrscheinlich“ gewählt hat, ist Chaos eine Möglichkeit, mit der man rechnen muss.

Checkliste für Komplexitätsfähigkeit

- Handelt es sich um ein System mit Feedbackprozessen?
  - ☐ Unwahrscheinlich, da hier nur Ursache und Wirkung eine Rolle spielen.
  - ☐ Wahrscheinlich. Obwohl vielleicht exakte Studien fehlen, wäre es sonderbar, wenn keine Feedbackschleifen vorliegen würden.
  - ☐ Sehr wahrscheinlich. Es liegt auf der Hand, dass Feedback vorliegt.
- Handelt es sich um gemischtes Feedback (positives und negatives Feedback, Aktivierung und Inhibierung in Kombination)?
  - ☐ Unwahrscheinlich. Wenn überhaupt Feedback vorliegt, dann nur von einer Sorte.
  - ☐ Wahrscheinlich. Obwohl vielleicht exakte Studien fehlen, wäre es verwunderlich, wenn nur eine Art von Feedback vorliegen würde.
  - ☐ Sehr wahrscheinlich. Es liegt auf der Hand, dass gemischtes Feedback vorliegen muss.
- Liegt mindestens eine Nichtlinearität als Wechselwirkung zwischen den Variablen vor?
  - ☐ Unwahrscheinlich, da Linearität zweifelsfrei nachgewiesen ist.
  - ☐ Wahrscheinlich, da fast nichts in der Natur sich an eine exakte Linearität hält.
  - ☐ Sehr wahrscheinlich, da eine Verletzung der Linearität oder eine Nichtlinearität bereits nachgewiesen wurde.
- Sind zumindest drei Variablen an dem System beteiligt? (Anmerkung: Das Verhulst-System kommt mit weniger aus, ist aber eine Ausnahme. Auf der sicheren Seite ist man, sobald mindestens drei Variablen beteiligt sind.)[1]
  - ☐ Unwahrscheinlich, da das System gut untersucht ist und bekannt ist, dass nur maximal zwei Größen beteiligt sind.
  - ☐ Wahrscheinlich. Obwohl vielleicht nicht alle Variablen bekannt sind, ist es dennoch wahrscheinlich, dass es sich um mehr als nur zwei handeln muss.
  - ☐ Sehr wahrscheinlich. Es liegt auf der Hand, dass es mehr als zwei sein müssen.
- Kann man davon ausgehen, dass überhaupt Prozesse im System stattfinden? (Anmerkung: Wenn die Energie fehlt, die Batterien leer sind und es an Antrieb mangelt, passiert auch im komplexesten System nichts. Und „nichts“ ist nicht komplex.)
  - ☐ Unwahrscheinlich, da die Prozesse in diesen Systemen immer schon nach kurzer Zeit zum Erliegen kommen, z. B., weil keine dauerhafte Versorgung mit (Antriebs-)Energie besteht.
  - ☐ Wahrscheinlich, da das System sich über längere Zeit hinweg dynamisch verhält und oder weil vermutet werden kann, dass es laufend mit Energie versorgt wird.
  - ☐ Sehr wahrscheinlich. Es ist evident, dass das System ein relativ dauerhaftes Verhalten zeigt und dafür mit Energie versorgt wird bzw. sich selbst damit versorgt.

Wendet man die Checkliste versuchsweise auf das menschliche Gehirn an, dann wird schnell deutlich, dass Chaos hier nicht ausgeschlossen werden kann (vgl. auch Abbildung 20):

1. Feedbackprozesse sind in den Verschaltungen von Neuronenverbänden seit Jahrzehnten nachgewiesen.
2. Hemmende wie verstärkende Aktivitäten von Neurotransmittern sind seit langem bekannt.
3. Übertragungsfunktionen, etwa von Reizstärke in Aktivität wurden bereits in den Anfängen der Psychologie als nichtlinear nachgewiesen (z. B. in der sogenannte „Psychophysik" und in der Psychophysiologie; für einen historischen Überblick vgl. Benetka 2002, S. 45 ff.).
4. Die Zahl der Neuronen im Gehirn kann auf ca. 86 Milliarden geschätzt werden. Egal wie viele es tatsächlich sind, es sind sicher mehr als zwei.
5. Solange das Gehirn Teil eines lebendigen Körpers ist, wird es zudem beständig mit Energie versorgt und verhält sich entsprechend lebendig.

Wenn man sich jetzt noch vor Augen führt, dass die oben dargestellten einfachen und komplizierten Systeme wahrscheinlich nur einen kleinen und überschaubaren Ausschnitt eigentlich viel größerer Systeme repräsentieren, dann stellt sich die Frage, welche Systeme denn eigentlich nicht chaosfähig sind. Vor allem technische Systeme, so kann man vermuten, sind in der Regel gezielt so konstruiert, dass sie sich vorhersagbar verhalten. Bei der Konstruktion wird Linearität bevorzugt, Feedbackprozesse werden gezielt eingesetzt und bei auftretender Komplexität technisch unterdrückt etc. Natürliche Systeme – egal ob biologische, psychische, soziale oder Wirtschaftssysteme – sind hingegen sehr wahrscheinlich zumindest chaosfähig.

---

1 (Fußnote zur vorherigen Seite) Das Verhulst-System simuliert einen zeitlichen Verlauf in diskreten Sprüngen. Die Zahl der Badegäste wird von Tag zu Tag vorhergesagt. Zwischenwerte für die Mittagszeit oder beliebige andere Zeitpunkte können nicht berechnet werden. Die Möglichkeit zur beliebig feinen zeitlichen Auflösung bieten sog. stetige Systeme. Chaos setzt voraus, dass sich Systemzustände nicht wiederholen. Denn auf exakt die gleichen Systemzustände würde exakt das gleiche Verhalten folgen wie zuvor. Das System wäre periodisch und nicht chaotisch. Am Beispiel des Wetters wird deutlich, dass dafür drei mindestens Variablen nötig sind. Wenn die Temperatur über den Tag ansteigt und in der Nacht wieder fällt, werden zwangsläufig die gleichen Temperaturen „besucht". Berücksichtigt man zwei Variablen, z. B. die Temperatur und den Luftdruck und zeichnet ein Koordinatensystem mit der Temperatur auf der x-Achse und dem Druck auf der y-Achse, so erhält man eine Linie, die sich durch diesen zweidimensionalen Raum (sog. Phasenraum) bewegt. Steigt und fällt die Temperatur und ändert sich der Druck, so ergibt sich eine Linie, die sich unweigerlich irgendwann einmal kreuzt. Die Kreuzung bedeutet dann aber nichts anderes als die Wiederholung eines bereits besuchten Systemzustands. Nur wenn das System den Kreuzungspunkt überspringen könnte, wäre eine weitere Entwicklung ohne Wiederholung möglich. Dazu muss das System in die dritte Dimension ausweichen können. Besitzt es drei Variablen (z. B. könnte auch der Wind relevant sein), dann kann es endlos in Schleifen verlaufen, die immer andere Kombinationen der drei Größen nutzen. An Kreuzungen überspringt es diese. Ab drei Variablen kann ein stetiges System sich chaotisch verhalten (vgl. Abbildung 40).

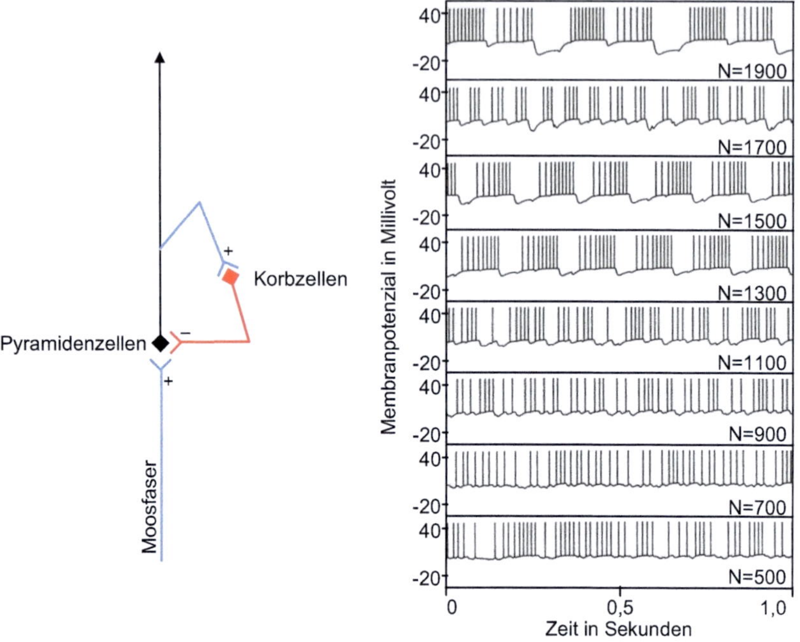

Abbildung 20: Chaos und problematische Ordnung im Gehirn

Epilepsie-Entstehung auf der Basis Penicillin-induzierter GABA-Rezeptor-Blockaden. Das Schema links zeigt die zirkuläre Verschaltung der Pyramiden- und Korbzellen im Hippocampus. Die (von Moosfasern aktivierten) Pyramidenzellen erregen (+) die Korbzellen, die ihrerseits die Pyramidenzellen hemmen (–). Die Diagramme rechts geben die Antworten dieses Systems beziehungsweise des entsprechenden mathematischen Modells wieder, wenn man unterschiedlich hohe Dosen von Penicillin auf das Zellnetzwerk aufbringt. Dargestellt ist jeweils die zeitliche Entwicklung des Membranpotenzials (durchgezogene Linie) der Pyramidenzellen und das resultierende Nervenimpulsmuster. Von Bildstreifen zu Bildstreifen (von oben nach unten) nimmt die Penicillinkonzentration in Stufen zu, wodurch mehr und mehr GABA-Rezeptoren blockiert werden. N gibt jeweils die Zahl der nicht blockierten Rezeptoren an. Bei niedrigen Penicillinkonzentrationen (obere Bildstreifen) ergeben sich periodische Muster mit einer relativ geringen durchschnittlichen Impulsfrequenz. Das Muster pro Periode sieht für verschiedene (bei jedem Teilbild aber konstant gehaltene) Konzentrationen unterschiedlich aus. Bei höheren Penicillinkonzentrationen treten schließlich Oszillationen des Membranpotenzials auf, die nicht mehr periodisch sind, und die durchschnittliche Impulsfrequenz ist deutlich erhöht (Mackey & an der Heiden 1982; Abbildung nach: an der Heiden 1992a, S. 144).

Chaos ist ein prominentes Beispiel für Komplexität. Es zeigt prinzipielle Grenzen der Erkenntnis, der Plan- und Steuerbarkeit und damit des Managements auf. Diese Grenzen verschwinden nicht, wenn man nur besser plant und besser steuert und mehr kontrolliert. Chaos ist kein Rechenfehler, sondern eine Tatsache. Chaos ist aber nicht das einzige Beispiel für Komplexität. Auch die Quantenphysik oder philosophische Ansätze (z. B. über emergente Phänomene) zeigen Grenzen der Erkenntnis, die man als „komplex" bezeichnen kann, da sie nicht verschwinden, wenn man sich mehr Mühe gibt. Allerdings ist das Chaos als ein mögliches Phänomen der Komplexitätstheorie sehr viel bedeutsamer für das Management als z. B. die Quantenphysik. Chaos tritt in einfachen Modellen der VWL und BWL regelmäßig auf, sobald man diese Modelle nicht mehr im Voraus auf lineare Systeme ohne Feedback beschränkt (Day 1992).

3.9.2 Die Bedeutung von Chaos

Die Feststellung, dass vor allem natürliche oder lebende Systeme Merkmale aufweisen, die Chaos als hochgradig wahrscheinlich erscheinen lassen, führt zu der Frage, ob darin nicht ein besonderes Erfolgsgeheimnis dieser Systeme liegt. Tatsächlich zeigen viele Beispiele, dass Chaos in lebenden Systemen nicht etwa mit Krankheit, sondern vielmehr mit Gesundheit verbunden ist (vgl. die Übersicht in Strunk & Schiepek 2006). Obwohl dies etwas vereinfacht sein mag und es auch Gegenbeispiele gibt, ist damit ein Grundprinzip benannt, das sehr häufig zutreffend erscheint. Krankheit und fehlendes Wohlbefinden sind sowohl biologisch als auch psychisch und sozial fast immer mit Einschränkungen verbunden. Man könnte auch sagen, dass bio-psycho-soziale Probleme oder Krankheiten mit einer geringeren Vielfalt und Flexibilität sowie mit eingeschränkten Möglichkeiten und reduzierten Freiheitsgraden des Erlebens, Denkens und Verhaltens einhergehen. Bio-psycho-soziale Probleme, Störungen oder Krankheiten engen ein und verringern die Komplexität menschlichen Verhaltens. Demgegenüber ist die Komplexität des Chaos anpassungsfähig, flexibel und offen für eine Vielzahl von Möglichkeiten. Dennoch ist es nicht beliebig wie der Zufall. Es ist ja Ausdruck eines wohlorganisierten, aber dennoch komplexen Systems.

Beispiele für diese Behauptung sind etwa die komplexe, weil chaotische Bandbreite der Herzratenvariabilität. Eine starre und konstante Herzrate verweist auf gesundheitliche Probleme, die z. B. durch geringe körperliche Fitness hervorgerufen werden oder dazu führen. Ein gesundes Herz variiert seine Schlagfrequenz chaotisch (Goldberger 1987, Skinner et al. 1990, Bettermann & van Leeuwen 1992).

Ein anderes Beispiel: Epileptische Anfälle (Abbildung 20) und auch andere neurologische Anfallsleiden sind in der Regel durch eine dramatische Gleichtaktung größerer Neuronenverbände gekennzeichnet (Mackey & an der Heiden 1982, Iasemidis & Sackellares 1991, an der Heiden 1992b, Elbert & Rockstroh 1993). Dieser neuronale Gleichklang ist weniger normal als das chaotische Durcheinander gesunder Neuronenverbände. Pathologische Übersynchronisation in bestimmten neuronalen Arealen ist z. B. auch ein wesentliches Korrelat von Tinnitus (betroffen ist hier der primäre auditorische Kortex; Tass et al. 2012) oder der Koordinierungsschwierigkeiten beim Parkinson-Syndrom (dort in bestimmten Strukturen der Basalganglien; Tass et al. 2010).

Insgesamt kann man davon ausgehen, dass Chaos in der Natur eher die Norm als die Ausnahme ist. Das ist nicht bedrohlich, sondern ein Hinweis auf eine flexible und kreative Anpassungsleistung lebender Systeme. Die Tatsache, dass die Chaostheorie komplexe und anpassungsfähige Systeme in der Natur besser beschreibt als die traditionelle Naturwissenschaft, kann interessante Impulse für die Steuerung von Unternehmen liefern. Unternehmen ähneln solchen natürlichen Systemen. Sie sind angewiesen auf einen hohen Energieaustausch mit dem Markt, auf die flexible Gestaltung ihrer Prozesse und das Entwickeln einer hohen Anpassungsfähigkeit. Organisationen werden bereits in den frühen Arbeiten von March und Simon (1958) mit Organismen verglichen, die einem beständigen Anpassungsdruck unterliegen und gleichzeitig bemüht sein müssen, ihre Struktur als ein Fließgleichgewicht aufrechtzuerhalten. Eine Organisation liegt dann vor, wenn sie sich hinreichend von der noch viel komplexeren Umwelt durch die Aufrechterhaltung eigener Strukturen abgrenzen kann (vgl. Weick 1979, S. 215). Damit spielt die Frage nach Komplexität und Ordnung, nach Ordnungswandel und Veränderung auch hier eine inhaltlich hochbedeutsame Rolle. Möglicherweise sind komplexe Systeme nicht nur in der Biologie einfachen und komplizierten Systemen überlegen, d. h. flexibler, anpassungs- und überlebensfähiger.

Gleichzeitig arbeiten in Organisationen Menschen, die sich als bio-psycho-soziale Systeme[2] um Stabilität, Sicherheit, Verlässlichkeit und Vorhersagbarkeit einer möglicherweise unendlich komplexen biologischen, psychischen, sozialen, gesellschaftlichen, politischen bzw. ökonomischen Umwelt bemühen. Der Umgang des Menschen mit Komplexität spielt daher auch in der Medizin, der Biologie, Psychologie und Soziologie eine Rolle (für eine Übersicht über die angesprochenen Themenfelder siehe z. B. Strunk & Schiepek 2006). Und auch das Verhalten von Menschen erscheint auf der anderen Seite weniger als mechanisches Abspulen von Verhaltensprogrammen, sondern vielmehr als häufig ebenfalls hochgradig erratische, aber dennoch geordnete Komplexität.

2 Die Bedeutung der WHO-Definition des Menschen als bio-psycho-soziales System für die Komplexitätsforschung wird in Strunk und Schiepek (2006) diskutiert.

Komplexität wird alltagssprachlich gern als Störfaktor verstanden. Sie kann aber viel mehr sein, z. B. Kreativpotenzial durch Unvorhersagbarkeit bei gleichzeitig fehlender Beliebigkeit, ein Zeichen für Gesundheit in Organismen und eventuell in Organisationen, eine Größe, die in Organisationen nicht ignoriert werden sollte. Das heißt, dass eine Organisation Probleme bekommt, wenn sie sich nicht ähnlich flexibel und komplex verhalten kann wie ihre Umwelt. Wenn sich Märkte schnell verändern, technologische Innovationen in kurzer Zeit zu immer neuen Revolutionen führen, kann es gefährlich sein, nicht ähnlich innovativ, komplex und anpassungsfähig reagieren und agieren zu können. Die Komplexität in einer Organisation – so heißt es etwa bei Ashby (1957) – sollte in etwa der Komplexität ihrer Umwelt entsprechen.

Einige – aber längst nicht alle – Besonderheiten des Komplexen:

- Komplexität ist eine Eigenschaft wohl organisierter Systeme.
- Bereits kleine und gut überschaubare Systeme können chaosfähig sein.
- Die Voraussetzungen für Chaos (Chaosfähigkeit) sind in natürlichen Systemen fast immer gegeben.
- Chaos ist in technischen Systemen mitunter störend, in lebenden Systemen aber ein Funktionsmodus von Gesundheit.
- Da das Verhalten chaotischer Systeme nicht im Detail vorhergesagt werden kann, kann man sie als komplex bezeichnen. Man kann alles von einem System wissen und kann es dennoch nicht prognostizieren.

Reflexionsfragen

- Was erscheint Ihnen als komplex?
- Was sagt die Checkliste dazu? Handelt es sich um ein chaosfähiges System?
- Wenn Sie ein komplexes System vor sich haben, welchen Aspekt der Checkliste könnten Sie künstlich so beeinflussen, dass die Komplexität nicht auftritt?

Abbildung 21: Komplexe Strukturen der belebten und unbelebten Welt

4 Merkmale des Komplexen

Das Management von Komplexität bedeutet zunächst die Eigenschaften des Komplexen zu kennen. Komplexität, so könnte man sagen, ist eine beweisbare Lücke der Erkenntnis. Wenn ein deterministisches System sich zufällig verhält und eine Prognose daher unmöglich ist, dann ist dieses System komplex. Das chaotische Systeme sich durch den Schmetterlingseffekt unvorhersehbar verhalten, wurde bereits deutlich. Auch hat sich gezeigt, dass das nicht daran liegt, dass man zu wenig über das System weiß. Die Komplexität des deterministischen Chaos beruht nicht auf Unwissenheit – wie beim Zufall –, sondern auf einer mathematisch beweisbaren Grenze der Vorhersagbarkeit. Aber Chaos ist mehr als nur der Schmetterlingseffekt oder das Fehlen von Vorhersagbarkeit. Denn letztlich beruhen die Phänomene des Chaos auf den Strukturen von Systemen, die sich deterministisch verhalten und für die alle relevanten Regeln bekannt sein können. Das Interessante der Komplexitätsforschung ist die Feststellung, dass Komplexität auf Einfachheit beruhen kann, dass also einfache Systeme dazu in der Lage sind, eine hochgradig komplexe Dynamik zu generieren. Die Spuren dieser Einfachheit lassen sich auch in komplexen Systemen nachweisen, sie blitzen plötzlich auf, als überraschende Regelmäßigkeit, als Inseln der Ordnung, als „organisierte" Komplexität (Willke 1989). Diese Ästhetik der Komplexität offenbart sich aber erst durch eine genaue und zum Teil trickreiche Betrachtung – also durch Analysemethoden, die wissen, wo sie nach der Ordnung in der Unordnung des Schmetterlingseffekts suchen müssen.

Während das *Scientific Management* von Taylor und die Fließbänder von Ford es sich zum Ziel gemacht haben, Komplexität in Herstellungsprozessen zu unterbinden (vgl. Kieser 2006), zeigen sich die Muster organisierter Komplexität in aller Vielfalt und Schönheit dort, wo keine ordnende Hand von außen eingreift. Das folgende Kapitel beschäftigt sich daher zunächst mit diesen „Mustern des Lebendigen" (Deutsch 1994).

4.1 Muster des Lebendigen

Gemischtes Feedback und nichtlineare Wechselwirkungen führen in lebenden Systemen zu komplexen Mustern, die auf der einen Seite über Ordnung verfügen und auf der anderen Seite nicht vorhergesagt, zum Teil nicht einmal detailliert beschrieben werden können (Abbildung 21). Beispiele für geometrische Muster des Lebendigen sind die Fellzeichnungen von Tieren, etwa die Flecken des Leopardenfells, die sich von Tier zu Tier unterscheiden, aber dennoch von der gleichen „Machart" sind. Oder die bunten Flügel von Schmetterlingen und Vögeln, die Formen von Blättern und

Baumkronen, aber auch die unglaublich feinen Verzweigungen des menschlichen Gefäßsystems, die hohe Ordnung bei gleichzeitig unendlich scheinender Strukturvielfalt unseres Gehirns usw.

Abbildung 22: Komplexe Strukturen in der unbelebten Welt

Für viele Muster des Lebendigen sind Erzeugungsvorschriften bekannt, die diesen Formenreichtum mit gemischten Feedbacksystemen zu erklären vermögen. Positives und negatives Feedback wirken in diesen Systemen mit- und gegeneinander und schaffen so musterhafte Ähnlichkeit auf einer makroskopischen Ebene bei gleichzeitig deutlichen Unterschieden im Detail. Dies führt zu einem als *Selbstähnlichkeit* (Mandelbrot 1987) bezeichneten Phänomen: Immer wieder finden sich ähnliche, aber nicht identische Strukturen. Der Romanesco (eine Blumenkohlart) scheint sogar aus einer endlosen Spirale immer kleiner werdenden Kopien seiner selbst zu bestehen (Abbildung 38).

Die Erscheinungsformen des Komplexen sind vielgestaltig und doch muster- und regelhaft. Diese Antinomie lässt sie ästhetisch wirken, reizt durch Unvorhergesehenes zum Weiterschauen und führt durch Wiederkehrendes zu einem Gefühl des Vertraut-Seins, des Kennens und Verstehens, aber auch der Überraschung und Irritation. Strukturen finden sich in räumlichen, geometrischen Anordnungen, aber auch in zeitlichen, etwa in der Lautfolge von Tönen oder in Bewegungsmustern (z. B. im Tanz, Abbildung 28). Aber nicht nur das sich ergebende räumliche oder zeitliche Muster ist interessant. Ebenso spannend ist die Erklärung dieser Muster als selbstorganisiert auftretender makroskopischer Ordnungsbildungsprozess.

Um zu verstehen, was damit gemeint ist, möchte ich dazu einladen, zwei Erklärungsmöglichkeiten miteinander zu vergleichen. Eine Tuchweberei könnte Gefallen am Muster auf den Flügeln eines bestimmten Schmetterlings finden und programmiert daraufhin ihre Webstühle so, dass die farbigen Flügel eines vorher fotografierten Schmetterlings so gut es eben geht nachgeahmt werden. Der Webstuhl bindet dann an den jeweils vorgegebenen Stellen die richtigen Farben ins Tuch. Farbtupfer um Farbtupfer wird die Vorlage kopiert, indem für jeden einzelnen Quadratmillimeter des Tuchs eine eigene Webvorschrift befolgt wird. Diese Regeln geben vor, welche Farbe jeweils zu verwenden ist. Man benötigt dabei so viele Regeln und Anweisungen, wie man Fäden in Längs- und Querrichtung miteinander verweben möchte. Das sind unzählige Regeln, die exakt in der richtigen Reihenfolge ausgeführt werden müssen, damit das Muster später stimmt. Bei aller Präzision, die damit erreicht werden kann, darf man nicht vergessen, dass die Regeln nur eine Kopie der Farbstrukturen einer Vorlage erzeugen.

Wissenschaftlerinnen und Wissenschaftler, die Ähnliches z. B. bei der Abbildung von Zellstrukturen versuchen, mögen als Endergebnis vielleicht täuschend echte Kopien dieser Zellen herstellen. Aber bedeutet das, dass sie verstanden haben, wie das System – die Zelle – funktioniert, wenn sie es nur exakt genug nachbilden können?

Abbildung 23: Muster des Lebendigen

Die Synergetik (Haken 1969, 1985, 1988b, 1988a) – eine ursprünglich aus der Physik stammende und später auf viele andere Fachdisziplinen übertragene Selbstorganisationstheorie – schlägt für die Nachbildung des Musters eines Schmetterlingsflügels ein vollkommen anders Verständnis vor. Nicht Pixel für Pixel wird akribisch nachgezeichnet und Baustein für Baustein kopiert, sondern das Interesse gilt den Wechselwirkungen der beteiligten Systemelemente, die in ihrem Zusammenspiel die Farbstrukturen selbstorganisiert hervorbringen. Es wäre hochgradig ineffizient, wenn die Natur das Pigmentmuster Punkt für Punkt im Erbgut des Schmetterlings abgespeichert hätte.

Es ist viel wahrscheinlicher, dass der Natur nicht ein hochaufgelöstes Foto als Vorlage dient, sondern ein System mit Feedbackprozessen, welches die organisierte Komplexität aus dem Wechselspiel der Systemkräfte selbstorganisiert hervorgehen lässt. Ein solches System ließe sich mit einem viel geringeren Aufwand im Erbgut verankern. Nicht Pixel für Pixel wäre zu speichern, sondern die Grundstruktur eines möglicherweise recht einfachen Systems mit positiven und negativen Feedbackschleifen. So kann z. B. die Struktur einer Schneeflocke aus einem sehr simplen Algorithmus hervorgehen (Abbildung 35).

Die Synergetik beschreibt, wie es Systemen gelingt, auf der Grundlage recht einfacher Feedbackprozesse eine komplexe Ordnung hervorzubringen, die aus Kenntnis der einzelnen Elemente des Systems nicht hätte erahnt werden können. Das Ganze – in diesem Fall das Muster des Schmetterlingsflügels – ist etwas ganz und gar anderes als es die Summe der Elemente des Systems erahnen lässt. Man nennt einen solchen Prozess der überraschenden Musterbildung auch Emergenz. Im Fall des Schmetterlingsflügels geht es um ein biochemisches System. Die positiven und negativen Feedbackschleifen dieses biochemischen Systems führen zu Mustern aus Überlagerungen und Abschwächungen der Konzentration bestimmter für die Farbgebung relevanter molekularer Verbindungen. Das Muster entsteht erst aus der Dynamik des Systems und ist empfindlich für winzige Störungen und Veränderungen die verstärkt und wieder zurückgeregelt werden. Dies sorgt für die im Detail zu findende Vielfalt bei gleichzeitig großer Selbstähnlichkeit des übergeordneten Musters. Das System ist effizienter in der Erzeugung beliebig fein aufgelöster Strukturen. Gleichzeitig weiß es selbst nicht, was letztlich das Ergebnis sein wird. Man könnte sagen, dass das Muster sich bildet, während es entsteht – so wie der Weg, der beim Gehen entsteht. Das Ergebnis der Musterbildung steht also nicht fest, bevor sie tatsächlich abgeschlossen ist. Das Muster entsteht als überraschendes Ergebnis der Wechselwirkungen des Systems. Es emergiert aus der Dynamik des Systems, ohne dass irgendwer oder irgendetwas es im Detail so programmiert hätte. Erstaunlich ist dabei die Tatsache, dass nur wenige Regeln genügen, um die Entstehung hochkomplexer Farbmuster – wie die auf den Flügeln eines Schmetterlings – zu erzeugen. Das Wechselspiel nur weniger Regeln (d. h. Gesetzmäßigkeiten über die Anordnung und Interaktion der Teile) ist zu unglaublicher Vielfalt fähig. Daher sind solche Regelsysteme viel sparsamer und einfacher strukturiert als eine pixelorientierte Kopiermaschine.

Abbildung 24: Komplexe Strukturen der belebten und unbelebten Welt

Es kann viele unterschiedliche Möglichkeiten geben, nach denen einfache Regeln zu ähnlichen Mustern führen. Es mag auch sein, dass noch nicht exakt bekannt ist, welche die Natur für die Mustererzeugung tatsächlich benutzt. Das Ziel war hier vielmehr die Unterschiede zwischen einer systemtheoretisch sparsamen Erklärung und einer detailistischen und aufwändigen Nachbildung zu illustrieren.

Die von der Synergetik sowie der Chaos- und Komplexitätsforschung beschriebene Komplexität imponiert entweder als räumliche oder als zeitliche Struktur hoher Ästhetik und ist angefüllt mit selbstähnlichen Wiederholungen. Gleichzeitig macht der Schmetterlingseffekt eine detaillierte Prognose unmöglich und eine fehlende Periodik führt dazu, dass sich nichts exakt wiederholt. Während die Musterhaftigkeit auf Ordnung und Organisation verweist, produziert die sensible Abhängigkeit der Entwicklungsdynamik von kleinen Abweichungen (Schmetterlingseffekt) die Komplexität dieser Systeme, so wie wir sie in der Landkarte der Systemdynamiken (Abbildung 1) lokalisiert finden. In den folgenden Kapiteln wollen wir beide Seiten dieser organisierten Komplexität anhand einiger Beispiele illustrieren.

Einige – aber längst nicht alle – Besonderheiten des Komplexen in der Natur:

- Organisierte Komplexität kann in ihrer Entstehung verstanden werden. Sie ist das Ergebnis von Wechselwirkungsprozessen in Systemen.
- Die Struktur eines Systems bringt die Muster des Lebendigen in Interaktion mit der Umwelt hervor; sie werden nicht von einer Vorlage abgeschrieben oder kopiert.
- Ordnung und Variation solcher Strukturen sind Facetten und zugleich Ergebnis von Selbstorganisationsprozessen. Hierzu gehören generierende Regeln ebenso wie der Schmetterlingseffekt.
- Einfache „Aus-A-folgt-B-Erklärungen" sind solchen Strukturen nicht angemessen. Die Annahme, dass z. B. unsere Gene unser Leben im Sinne einfacher Ursache-Wirkungs-Ketten prädestinieren, ist ein Missverständnis über die Vorgänge in lebenden Systemen. Epigenetik und Genexpression beruhen auf biochemischer, zellulärer Selbstorganisation in Interaktion mit psychischen Prozessen und relevanten Umweltbedingungen.

Reflexionsfragen

- Bevorzugen Sie detaillierte Anweisungen, die jedes Detail vorgeben?
- Wo können Sie Freiräume lassen? Entstehen dadurch „komplexe" Muster?
- Welches der Bilder der vorhergehenden Seiten berührt Sie? Hat dieses Gefühl mit Komplexität oder eher mit Ordnung zu tun?

Abbildung 25: Komplexität des Lebens

4.2 Organisierte Komplexität in Raum und Zeit

An lebenden Systemen imponiert bereits ihre Gestalt. Viele lebende, aber auch zahlreiche unbelebte Systeme zeigen in ihrer physischen Gestalt Ordnungsstrukturen organisierter Komplexität. Dabei sind räumliche Muster häufig direkt wahrnehmbar, wohingegen zeitliche Strukturen erst mithilfe geeigneter Darstellungsmethoden erfahrbar werden. So kann man viele Muster erst verstehen, wenn man die Bewegung eines Systems in Raum und Zeit aufzeichnet. Zeitreihendaten, wie sie in Aktiencharts oder für andere Preisentwicklungen üblich sind, enthalten viel mehr Informationen über die Musterhaftigkeit und organisierte Komplexität der zugrunde liegenden Systeme als man gemeinhin annimmt.

4.2.1 Komplexität als Eigenschaft einer Dynamik

Wirtschaftsdaten, Märkte, Unternehmensdaten etc. werden seit den Arbeiten des französischen Physikers Louis Jean-Baptiste Bachelier (1870–1946) als Zeitreihen dargestellt (Bachelier 1900). In solchen Charts lassen sich schnell Trends oder einfache Zyklen erkennen. Zudem können mit statistischen Methoden der klassischen Zeitreihenanalyse auch kompliziertere periodische Muster identifiziert werden. Was sich nicht mit solchen Methoden statistisch abbilden lässt, gilt als Rauschen. Bachelier beschäftigte sich als einer der Ersten mit der Frage, ob nicht doch ein Muster in den Daten von Aktienkursen verborgen liegen könnte. Aber so sehr er sich auch mühte – er fand nichts und begründete so die moderne Finanzmarkttheorie. Märkte zeigen – seiner Meinung nach – schlichtweg kein Muster. Sollte es kurzfristig eines geben, dann würde es schnell wieder vergehen. Märkte, so nahm man zunächst an, folgen einem *Random Walk*, einer Bewegung, die oben bereits mit dem torkelnden Gang einer betrunkenen Person verglichen wurde. Die Person steht sehr unsicher auf den Beinen und kippt unvorhersehbar mal in die eine und mal in die andere Richtung. Im *Random Walk* entscheidet der Zufall darüber, ob ein Kurs steigt oder fällt. Die typische Schrittweite (also wie hoch oder tief der Kurs sich bewegt) kann über vorhergehende Beobachtungen bestimmt werden, aber die Bewegungsrichtung hängt allein vom Zufall ab. Das Modell ist mathematisch sehr elegant und kann einige Zusammenhänge recht gut erklären. Allerdings stellt sich die Frage, warum das so sein sollte und ob es tatsächlich wirklich so ist. Folgen Märkte einem *Random Walk*?

Damit steht die Frage im Raum, ob Marktentwicklungen Zufallsprozesse sind und in der Landkarte des Wissens (Abbildung 1) ganz oben anzusiedeln wären. Wie bereits berichtet, geht die Standardtheorie davon aus. Im Jahr 2013 erhielt Eugene Fama dafür den Nobelpreis (allerdings gleichzeitig mit Robert Shiller, der das Gegenteil behauptet, z. B. Fama 1970, 1991, Shiller 2003). Die Begründung, die Fama (1970) für den Zufall anbietet, ist einleuchtend, aber nicht ganz leicht nachzuvollziehen. Oben wurden schon einige Aspekte dazu diskutiert. Diese seien hier noch einmal angeführt und erweitert: Im Zentrum steht die Annahme, dass Märkte alle nur erdenklichen Informationen, die für sie von Bedeutung sein könnten, blitzschnell verarbeiten. Denn Zeit ist Geld und wer einen Trend verschläft, ist selber schuld. Also versuchen alle, die auf Märkten handeln, alles an Informationen für sich zu nutzen, was möglich ist. Da das aber alle tun und die Konkurrenz nicht schläft, muss man schnell sein. Denn nur diejenigen können einen Gewinn erzielen, die vor der breiten Masse über eine relevante Information verfügen. Sobald sich herumspricht, dass z. B. ein großer Player eine Gewinnwarnung herausgeben muss, ist es zu spät und die Aktie bereits im Keller. Daher ist es nur logisch, dass alle relevanten Informationen sofort und unmittelbar zum Handeln benutzt werden müssen und dass es nur mehr Sekunden braucht, bis ein gut informierter Markt neue Informationen eingepreist hat. Alles, was heute über die Zukunft eines Aktienunternehmens bekannt ist, ist auch heute schon im Preis der Aktie zu sehen. Wenn aber die Zukunft, die bereits bekannt ist, schon im aktuellen Preis enthalten ist, dann hängt die Zukunft nur noch von den Informationen ab, die noch nicht bekannt sind, also von Ereignissen, die niemand wissen kann, weil sie erst in der Zukunft geschehen. Märkte sind also riesige Stabsauger oder schwarze Löcher für Informationen. Das macht sie aber nicht berechenbarer, sondern im Gegenteil unberechenbar. Denn die Informationen sind in dem Moment aufgebraucht, in dem sie bekannt werden und zum Handeln benutzt werden. Märkte, die Informationen effizient verarbeiten, wären demnach zufällig. Das sagt Eugene Fama (1970) in seiner berühmten Effizienz-Markt-Hypothese (EMH). Die Voraussetzung dafür ist aber ein kalter rationaler Blick auf die relevanten Informationen, und den werden gerade in Krisenzeiten nur wenige Menschen aufbringen. Die Gegenargumente kommen aus der psychologisch begründeten Verhaltensökonomik (z. B. Shiller 2003), die auf Herdenverhalten und Verlustängste verweisen. Überschießende Reaktionen der Märkte führen zu starken Abweichungen vom Zufallsprinzip, weil Menschen bei stürzenden Kursen die Informationen nicht mehr nüchtern bewerten. Es wird verkauft, weil alle verkaufen und nicht, weil eine Information rational betrachtet für einen geringeren Preis einer Aktie oder eines Gutes spricht.

Über die unterschiedlichen Ansichten der EMH auf der einen Seite und der Verhaltensökonomie kam es regelrecht zum Streit und der führt auch zu der Frage, ob sich in Marktdaten Hinweise für Zufall oder für Ordnung finden lassen. Der Wirtschaftswissenschaftler und Mathematiker Benoît B. Mandelbrot (1924–2010; Mandelbrot 1963, 1987, Mandelbrot & Hudson 2004) hat Methoden entwickelt, die Muster des Komplexen identifizieren können. Er war es, der als Erster auf die selbstähnlichen Strukturen in der belebten und unbelebten Welt verwiesen und diese sog. *Fraktale* einer mathematischen Mustersuche zugänglich gemacht hat. Er geht davon aus, dass auch Märkte selbstähnliche Muster aufweisen und keinesfalls mit einem *Random Walk* identisch sind (Mandelbrot & Hudson 2004). Das zeigen auch zahlreiche statistische Tests für unzählige Märkte (vollständige Literaturübersicht in Strunk 2019). Entschieden ist der Streit dadurch nicht, denn gezeigt werden konnte nur, dass Märkte sich mal sehr zufällig und mal sehr selbstähnlich verhalten. Während einer Krise oder einer Blase kann es sogar lange Zeit recht trivial zugehen (die Kurse fallen täglich: Krise – oder steigen täglich: Blase).

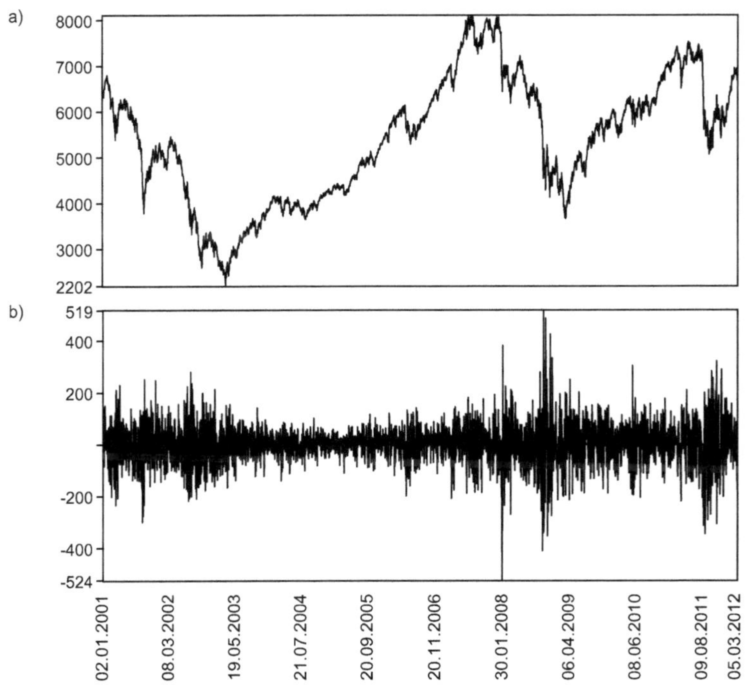

Abbildung 26: Zeitreihe und absolute Returns des DAX
Die Zeitreihe in a) zeigt den Schlusskurs des Deutschen Aktienindex im Zeitraum vom 02.01.2001 bis zum 05.03.2012. In b) sind die absoluten Veränderungen zwischen aufeinanderfolgenden Handelstagen dargestellt (Gewinne und Verluste). Allein per Augenmaß kann nicht entschieden werden, ob hier Zufall, verborgene Ordnung oder deterministisches Chaos vorliegt.

Märkte können also das gesamte Spektrum der Landkarte aus Abbildung 1 abdecken. Meistens scheinen sie sich zwischen Zufall und Komplexität zu bewegen. Geraten sie in ein Regime trivialer Ordnung, dann droht Gefahr. Auch hier gilt, was wir oben bereits festgestellt haben, dass Komplexität eher ein Zeichen für Gesundheit darstellt als Ordnung. Derzeit wissen wir eindeutig zu wenig über das, was Märkte geordnet, komplex oder zufällig macht, welche Mechanismen dazu führen und welche Informationen Märkte durch ihre Musterhaftigkeit oder eben ihre fehlende Musterhaftigkeit vermitteln können.

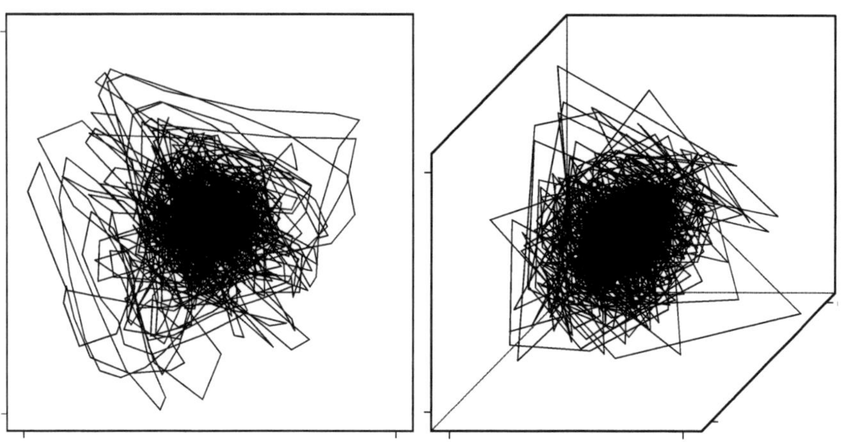

Abbildung 27: Phasenraumdiagramme der log-*Returns* des DAX

Ein Phasenraum besteht aus voneinander unabhängigen Achsen. Jede repräsentiert einen Freiheitsgrad des Systems. Mit geeigneten statistischen Verfahren kann man diese Freiheitsgrade aus einer Zeitreihe rekonstruieren und dann das Verhalten des Systems im Phasenraum sichtbar machen. Dabei zeigt sich, dass die Phasenraumdarstellungen komplexer empirischer Systeme in der Regel wenig ansehnlich sind und nur selten Muster oder Strukturen schon per Augenschein erkennen lassen. Die Abbildungen zeigen die Gewinne/Verluste des DAX für den Zeitraum vom 02.01.2001 bis zum 05.03.2012. Die Daten links wurden etwas geglättet, was zu einer höher geordneten Darstellung führt. Rechts wurde darauf verzichtet und eine dreidimensionale Darstellung gewählt.

Die Muster im DAX werden in Abbildung 29 sichtbar gemacht und sollen hier mit Zeitreihen aus der Bewegungsforschung verglichen werden. In Zusammenarbeit mit Michael Kimmel haben wir im Tango-Tanz nach sich wiederholenden Mustern gesucht (vgl. auch Kimmel 2012). So ist Abbildung 28 für den Tango entstanden. Sie zeigt auf beiden Achsen den Zeitverlauf. Immer, wenn sich ein Tangoschritt selbstähnlich wiederholt, werden die beiden Zeitpunkte schwarz markiert. Diese als *Recurrence Plot* bezeichnete Technik (Eckmann et al. 1987) zeigt die hohe Komplexität, aber auch die raffinierte Ordnung des Tangotanzes. Die gleiche Methode liegt auch der Darstellung in Abbildung 29 für den DAX zugrunde. So schön geordnet sieht das beim DAX nicht aus, aber auch hier zeigen sich Muster, die gegen einen reinen Zufallsprozess sprechen.

Anders als bei Aktienmärkten geht das Standardmodell der Karriereforschung nicht von Zufall aus. Berufskarrieren – ebenso wie Märkte – thematisieren Bewegungen in der Zeit. Das Auf und Ab des Gehalts oder der Führungsspanne lassen sich als Karriereverlauf mit Zeitreihendaten abbilden (Abbildung 30). Darin vermutet die klassische Karriereforschung Muster, die sich am Ideal eines monotonen Aufstiegs orientieren. Eine ideale Karriere verläuft demnach in deutlich sichtbaren Phasen und ist gekennzeichnet von einem stetigen Aufstieg (Buzzanell & Goldzwig 1991). Sie weist wenige Sprünge auf und kann gern in ein und denselben Unternehmen vom Berufseinstieg bis zur Verrentung stattfinden. Eine ordentliche Karriere – so könnte man zusammenfassen – bewegt sich in geordneten Bahnen nach oben. Das ist natürlich nicht immer so und war es wohl auch nie. Aber als Ideal lebt die Vorstellung fort, ebenso wie die Effizienz der Märkte ein Ideal beschreibt (nur eben ein zufälliges). Seit einigen Jahren mehren sich die Hinweise auf „Pathologien" in den Erwerbsverläufen, also auf diskontinuierliche Sprünge, Abstürze, Arbeitslosigkeit, Umschulungen, Neustart, etc. Karrieren – so heißt es in der Literatur (eine Übersicht findet sich in Strunk 2009b) – werden immer komplexer. Empirisch kann eine solche Behauptung mit den Methoden der Komplexitätsforschung geprüft werden (vgl. Strunk 2009b, 2019). Tatsächlich zeigen Zeitreihen (Abbildung 30) und Phasenraumdiagramme (Abbildung 31) wenig Hinweise auf simple Abfolgemuster. Wirklich geordnet scheinen sie auch in den 1970er-Jahren nicht gewesen zu sein, aber seitdem hat die Komplexität dramatisch zugenommen. Dennoch enthalten Berufskarrieren ordnungsgebende Muster: Sie sind nicht beliebig, sondern enthalten „Muster organisierter Komplexität".

Komplexität lässt sich auf unterschiedlichen Ebenen finden. Karrieren sind das Ergebnis unzähliger Entscheidungsprozesse und solche Entscheidungsprozesse lassen sich im Detail betrachten, wenn man die Veränderung der Herzrate eines Menschen während einer Entscheidungssituation registriert. In einer spannenden Studie hat Rose (2012) Menschen gebeten, aus Zeitungsnotizen Marktprognosen abzuleiten, etwa aus einem Lieferengpass, der mit steigenden Preisen einhergeht. Die Zeitungsnotizen waren geschickt konstruiert und sprachen zunächst allesamt für eine einheitliche Preisentwicklung. Aber im Verlauf des Experiments wurden immer mehr gegenteilige Informationen in den Texten versteckt und es ging darum herauszufinden, wann die Marktprognose kippt. Die Herzrate der befragten Personen wurde aufgezeichnet, zeigt aber auf den ersten Blick keine Hinweise auf die untersuchten Entscheidungsprozesse.

Tatsächlich finden sich in den Zeitreihen jedoch Muster, die mit statistischen Verfahren hervorgehoben werden können. Die Komplexität der Herzrate variiert und steigt jeweils plötzlich an, wenn die Personen nach der weiteren Marktentwicklung gefragt werden. Komplexität ist in diesem Fall also ein Signal, aus dem man auf die Entscheidungsprozesse schließen kann. Besonders dramatisch schnellt die Komplexität dann herauf, wenn die Personen plötzlich ihre Prognosen ändern, da sie den gegenläufigen Trend in den Nachrichten bemerken. Die Zeitreihe der Herzrate muss also – für das Auge unsichtbar – Muster organisierter Komplexität aufweisen, die zeigen, wann etwas Relevantes geschieht.

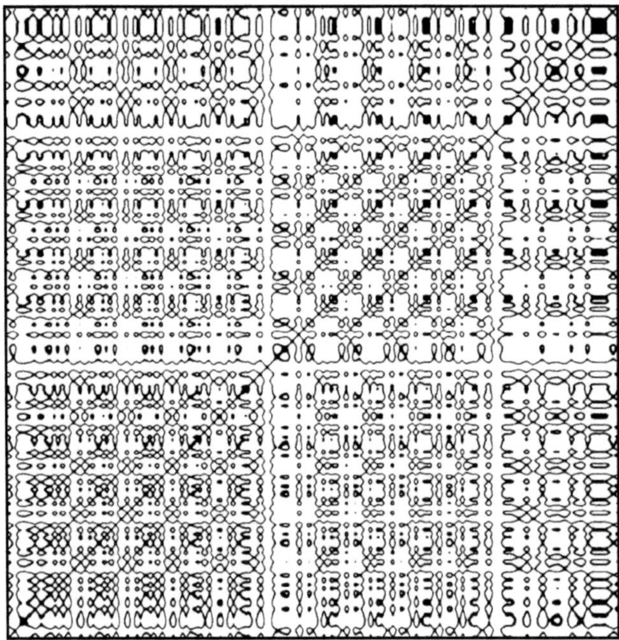

Abbildung 28: Sich wiederholende Muster im Tangotanz

In der Abbildung verläuft die Zeit sowohl von links nach rechts als auch von unten nach oben und schwarze Markierungen zeigen an, dass die Zeitpunkte der horizontalen und der vertikalen Achse ähnliche Systemzustände aufweisen. Im vorliegenden Fall wird die Fußbewegung eines Tangotänzers auf sich wiederholende Muster untersucht. Jedes Mal, wenn der Fuß eine ähnliche Stellung aufweist wie zuvor schon einmal, wird dies schwarz markiert. Deutlich sind komplexe Muster erkennbar. Eine solche Abbildung wird als *Recurrence Plot* bezeichnet (Eckmann et al. 1987, Webber Jr. & Zbilut 1994). Sie erlaubt es, die Entstehung von Mustern im zeitlichen Verlauf sichtbar zu machen.

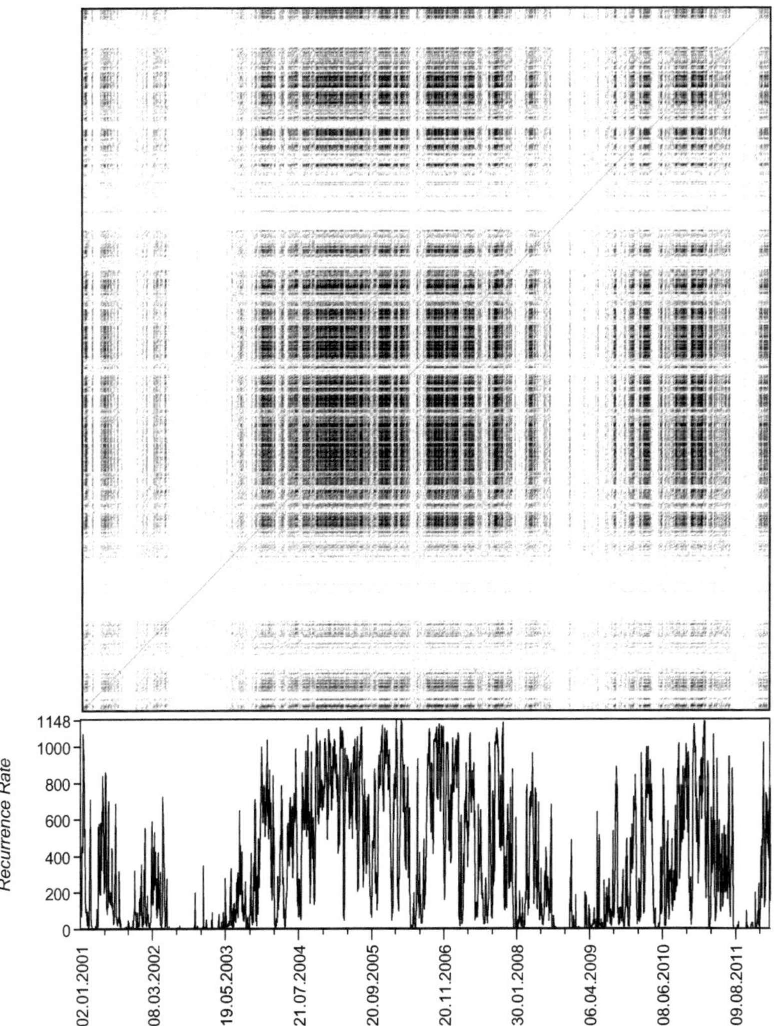

Abbildung 29: *Recurrence Plot* der logarithmierten Returns des DAX

Recurrence Plots machen wiederkehrende Muster in Zeitreihendaten sichtbar (Eckmann et al. 1987, Webber Jr. & Zbilut 1994). Beide Achsen des Diagramms stellen die Zeit dar. Schwarze Punkte markieren Zeitpunkte, zu denen das System in einem ähnlichen Zustand war. Abwechselnd helle und dunkle Flächen zeigen Veränderungen in der Musterhaftigkeit der Zeitreihe an. Für den DAX ist ein wiederholter Rückgang der *Recurrence Rate* (Summe aller schwarzen Punkte zu einem Zeitpunkt) deutlich erkennbar: Der DAX zeigt Muster (dunkle Bereiche) und diese verändern sich mit der Zeit.

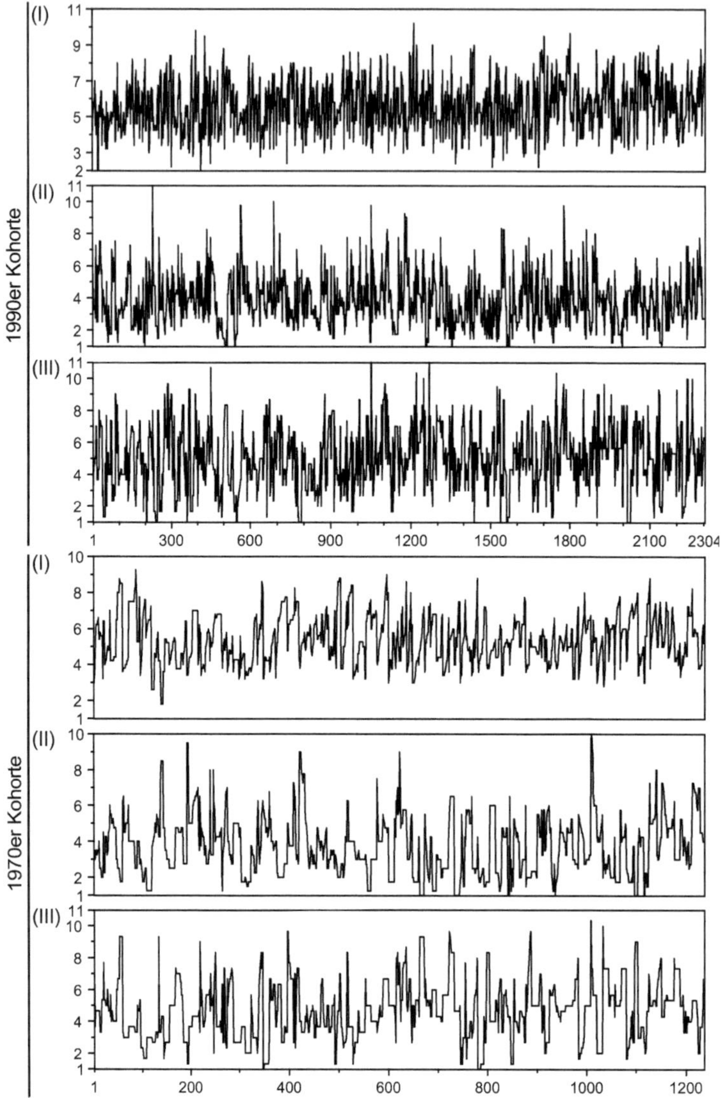

Abbildung 30: Karrieren als Zeitverlauf

Die Karrierezeitreihen zeigen die Daten vieler Personen und sind nur so lang, weil diese Daten hintereinander gereiht wurden. Die Kohorten haben einen Abschluss in Wirtschaftswissenschaft entweder 1970 oder 1990 gemacht. (I) Objektiver Karriereerfolg. (II) Subjektiver Karriereerfolg. (III) Subjektiv empfundene Stabilität der Karriere. (Abbildung nach: Strunk 2009b, S. 304)

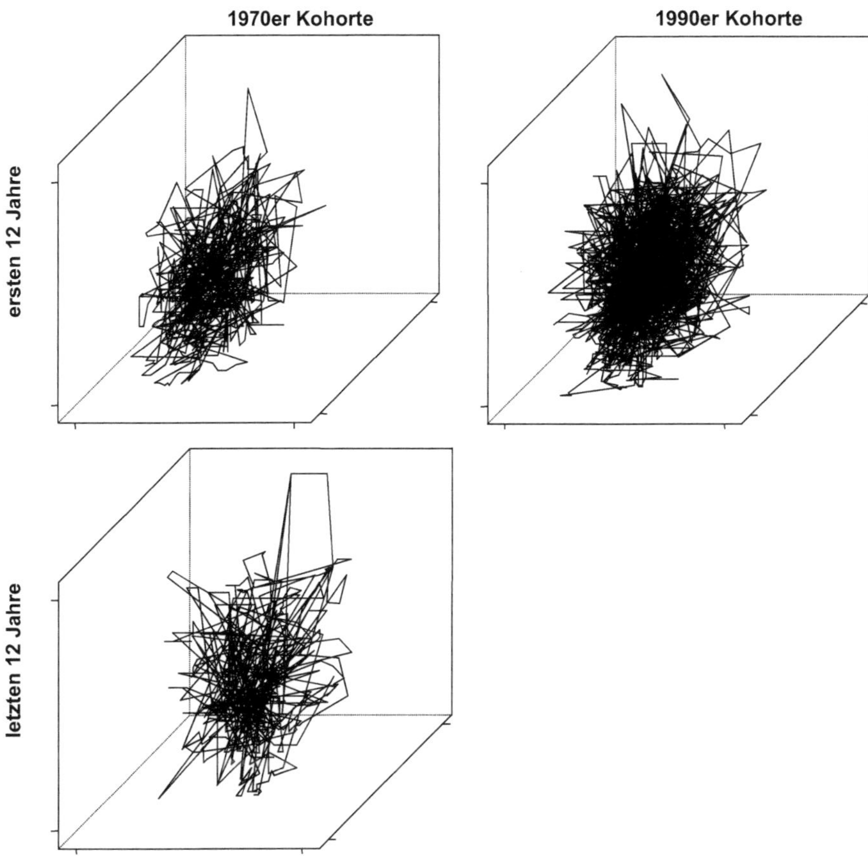

Abbildung 31: Komplexität von Berufskarrieren – Kohortenvergleich
Die Abbildungen zeigen dreidimensionale Darstellungen der drei Zeitreihen aus der vorhergehenden Abbildung für die verschiedenen Untersuchungsgruppen (Abbildung aus: Strunk 2009b, S. 326). Einfache Strukturen sind in den Abbildungen nicht erkennbar. Die Karrieredaten scheinen sich auch nicht geordneter zu verhalten als z. B. der DAX (siehe oben). Komplexität ist in realen Systemen die Regel und nicht die Ausnahme.

Die Komplexität komplexer Systeme offenbart sich in ihrer Dynamik. Sie kann aus Zeitreihendaten erschlossen werden und sogar dort vorliegen, wo man sie mit dem bloßen Auge nicht erkennen kann. Da aber zeitliche Strukturen flüchtig sind, muss man sie erst einmal einfangen und fixieren, ohne sie dabei zu sehr zu beeinflussen. Relativ leicht geht das im biologischen und physischen Kontext.

Pulsuhren, die man beim Joggen trägt, sind heute in der Lage, die Komplexität der Herzratenvariabilität zu messen und daraus den Fitnessgrad der Sportlerin, des Sportlers zu errechnen oder den Stresspegel während eines Verhandlungs-Marathons. Das ist angewandte Komplexitätsforschung im praktischen Format einer Armbanduhr (Abbildung 32).

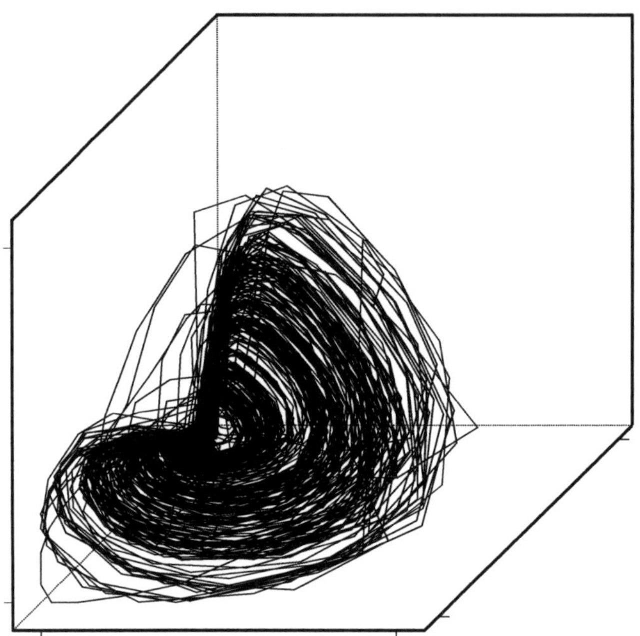

Abbildung 32: Blutvolumenfluss (Herzrhythmus) als Phasenraumabbildung
Der Puls lässt sich mit einem Sensor am Ohr messen. Konkret wird dabei der Blutfluss registriert. Dieser schwankt im Rhythmus der Herzfrequenz auf und ab. Dass das keine triviale Schwingung ist, wird in der Phasenraumabbildung deutlich. Wäre der Herzrhythmus eine einfache stabile Schwingung, dann würde sich im Phasenraum eine in sich geschlossene Kurve zeigen z. B als ein Kreis bzw. eine Ellipse. Das System würde dann Herzschlag für Herzschlag auf dieser geschlossenen Kurve im Kreis laufen. Tatsächlich ergibt sich ein weitaus komplexeres Gebilde, welches Variationen in der Herzfrequenz und in der Amplitude zeigt. Häufig sind für regelmäßig gehaltene Strukturen bei näherem Hinsehen hochkomplex. Und das Ausmaß der Komplexität verrät etwas Bedeutsames über den Zustand des Systems, z. B. Stressbelastung, Fitness, Unsicherheit vor bedeutsamen Entscheidungen etc.

Biologische Prozesse lassen sich leicht über Messinstrumente erfassen. Psychologische Vorgänge können mit Fragebögen erhoben werden. So haben zwei Studentinnen im Selbstversuch über etwa fünf Monate hinweg jeweils 1.000 Kodierungen zu emotionsrelevanten Ereignissen durchgeführt. Erfasst wurden vier Grundemotionen (Angst, Ärger, Trauer, Freude), Selbsteinschätzungen zu Aspekten der Emotionsverarbeitung und des Emotionsausdrucks sowie die unterschiedlichen inneren und äußeren Auslöser für das Emotionserleben (Belker & Nelle 1994). Abbildung 33 gibt einen Eindruck dieser Emotionsverläufe.

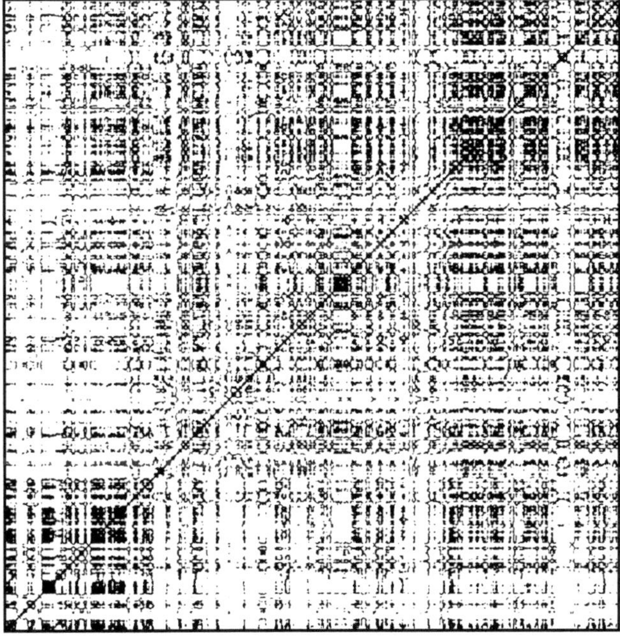

Abbildung 33: Emotionsdynamik

Auch Stimmungsschwankungen zeigen Muster hoher Komplexität. Wie in den Abbildungen 28 und 29 handelt sich auch hier um einen *Recurrence Plot*, bei dem die Zeit sowohl von links nach rechts als auch von unten nach oben verläuft. Der Abbildung liegen Daten aus einer Emotionsstudie zugrunde. Eine Studentin hatte mit visuellen Analogskalen die vier Emotionen Freude, Trauer, Angst und Ärger mehrmals täglich eingeschätzt. Schwarz markiert sind die Zeitpunkte, zu denen ähnliche Emotionen vorlagen, also alle vier Emotionen in etwa übereinstimmten. Die Abbildung nutzt insgesamt 1.342 Datenpunkte, die Zeitreihen wurden vor der Analyse geglättet (10-fach geschachtelter gleitender Mittelwert von jeweils zwei Datenpunkten).

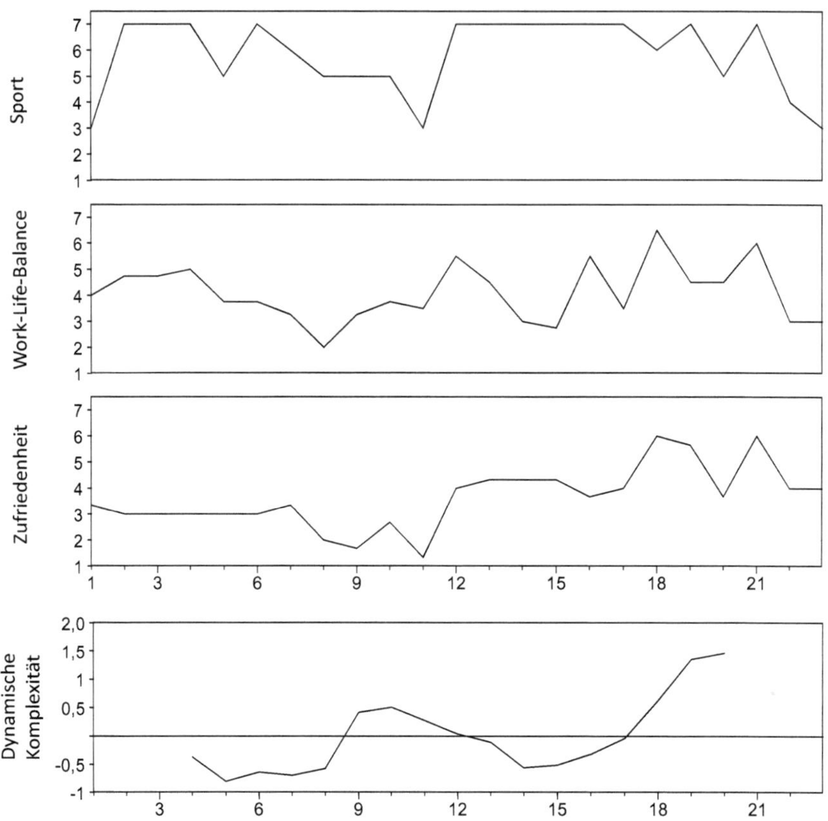

Abbildung 34: Tägliche Messung der Work-Life-Balance

Über drei Wochen wurden sportliche Aktivitäten, Freizeitverhalten und berufliches Engagement (gemeinsam dargestellt als Work-Life-Balance) sowie die Lebenszufriedenheit erhoben. Die Ergebnisse zeigen, dass Stimmungsschwankungen täglich auftreten können. Muster und Musterveränderungen können in solchen Datensätzen mit den Methoden der Komplexitätsforschung (vgl. Strunk 2019) tagesaktuell rückgemeldet werden (Haken & Schiepek 2006). So zeigt sich, dass die sog. Dynamische Komplexität (Schiepek & Strunk 2010) gegen Ende des Beobachtungszeitraumes stark ansteigt. Das könnte ein Hinweis auf eine bevorstehende Musterveränderung sein.

Auch im Management kann man gut mit Fragebögen arbeiten. Individuelle oder organisationale Zielerreichung lassen sich durch eine wiederholte Messung als Zeitreihen abbilden. Eine tägliche (d. h. allabendliche) Abfrage hat sich dafür bewährt. Typische

Fragen in so einem „Tagebuch“ sind „Heute bin ich der Verwirklichung meiner Ziele nähergekommen“ oder „Heute hatte ich Zeit für Familie und Freunde“ etc. – jeweils eingeschätzt auf einer Skala von „trifft voll zu“ bis „trifft überhaupt nicht zu“. Die Zeitreihen offenbaren eigenwillige und sich individuell entwickelnde Prozessmuster, wie sie für komplexe Systeme zu erwarten sind (vgl. dazu Abbildung 34 als Beispiele für hochkomplexe Zeitreihen, erhoben mit einem täglichen Fragebogen).

Spezielle Analysemethoden sind in der Lage, die Muster in diesen Daten zu identifizieren und als mehr oder minder komplex zu bewerten (Schiepek & Strunk 2010). Datenerhebungssoftware und Auswertungsmethoden dafür wurden von Schiepek zusammen mit einigen Kolleginnen und Kollegen zunächst für die Abbildung von Therapieprozessen entwickelt. Das Konzept wird von ihnen als SNS (Synergetisches Navigationssystem, vgl. Haken & Schiepek 2006) bezeichnet.

4.2.2 Die fraktale Struktur komplexer Prozesse

Zeitreihendaten bilden den zentralen Zugang zum Verständnis der Komplexität. Denn der Schmetterlingseffekt – als Hauptmerkmal des Komplexen – bezieht sich auf Prozesse, die durch scheinbar unbedeutende Einflüsse dramatisch verändert werden. Die Grenzen der Prognose sowie die Instabilität einer Dynamik stehen hier im Vordergrund. Gleichzeitig ist Chaos aber auch nicht beliebig. Es verfügt über Ordnungsstrukturen und zeigt selbstähnliche Muster. Aber diese sind mitunter so komplex, dass eine klassische Geometrie damit nichts anfangen kann. Simple Geraden, Kreise, Dreiecke oder andere Prototypen der auf Euklid (um 300 v. Chr.) zurückgehenden Geometrie scheinen nicht wirklich zu den Mustern des Lebendigen oder den *Recurrence Plots* der vorangegangenen Kapitel zu passen. Die klassische Geometrie erscheint glatt und idealisiert. Sie wurde ersonnen, um die Natur zu beschreiben, aber wird der Komplexität dieser Natur nicht gerecht. Die Natur müsste viel geordneter und geradliniger verlaufen, um sich mit dieser Methodik einfangen zu lassen. Obwohl die klassische Geometrie erdacht wurde, um die Formen in der Natur mathematisch abzubilden, gelingt ihr das nur unzureichend. Denn die Natur bringt eine unbeschreibliche Vielfalt geometrischer Komplexität hervor. Und das scheint kein Zeichen für einen Unfall zu sein, sondern ein Hinweis auf die besondere Fähigkeit zur Selbstorganisation der belebten und unbelebten Natur.

Solche Selbstorganisationsprozesse führen zu mehrfach gebrochenen Geometrien, in denen sich Muster selbstähnlich – nicht identisch – widerholen: Themen klingen an, werden von anderen unterbrochen, bevor erneut Ähnliches beobachtet werden kann. Es wurde bereits erwähnt, dass solche gebrochenen und von Selbstähnlichkeit durchzogenen geometrischen Strukturen als *Fraktale* bezeichnet werden (Mandelbrot 1987).

Abbildung 35: Kochkurve – Schneeflocke

Fraktale Strukturen sind gebrochene geometrische Formen, die realitätsnähere Abbildungen der belebten und unbelebten Natur liefern als die klassische Euklidische Geometrie, die allein regelmäßige Figuren (Linien, Kreise, Dreiecke, Rechtecke etc.) kennt. Dabei entsteht die Komplexität der fraktalen Strukturen durch die wiederholte Anwendung einfacher Konstruktionsregeln. Die von Helge von Koch (1870–1924) vorgeschlagene Schneeflocke wird erzeugt, indem das mittlere Drittel jeder geraden Linie durch ein gleichseitiges Dreieck ersetzt wird. Wird diese Regel immer wieder angewendet, entsteht die Schneeflockenstruktur der unteren Abbildung. Komplexität kann auf einfachen Regeln beruhen.

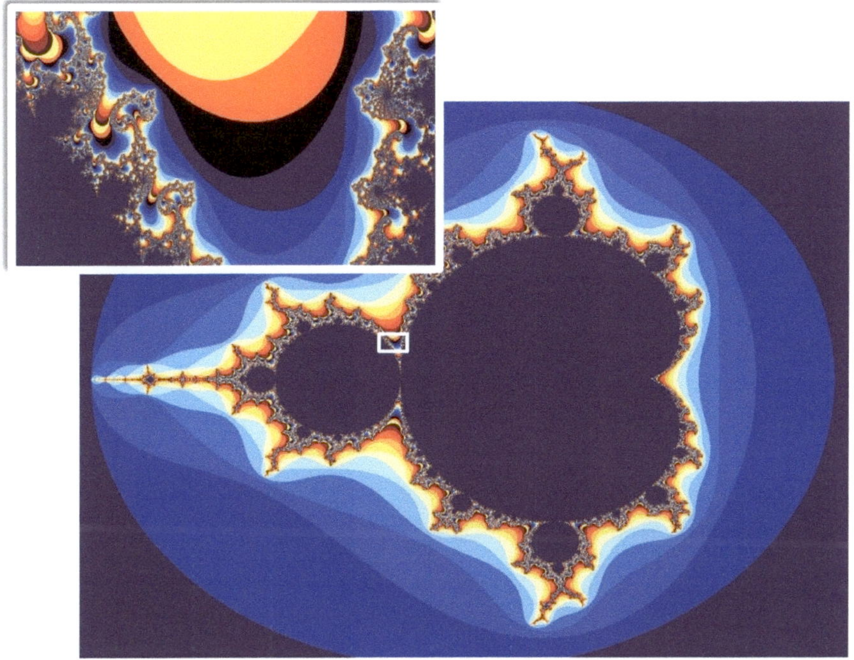

Abbildung 36: Mandelbrot-Menge
Das wohl berühmteste Fraktal ist die nach ihrem Entdecker benannte Mandelbrot-Menge. Da es sich um Ergebnisse aus einer mathematischen Gleichung handelt, können Ausschnitte beliebig vergrößert werden. Dabei finden sich immer neue und unbekannte Muster, die jedoch nicht beliebig sind (sie beruhen ja auf einer mathematischen Gleichung) und daher über verschiedene, ja beliebige Vergrößerungsmaßstäbe hinweg Ähnlichkeiten zu anderen Strukturen der Abbildung aufweisen (*Selbstähnlichkeit*).

Fraktale sind das Ergebnis von Selbstorganisationsprozessen, wie sie auch in der Verhulst-Gleichung des Badeseebeispiels (S. 77), dem Drei-Körper-Problem (S. 74) oder dem chaotischen Wettersystem (S. 75) auftreten. Fraktale Strukturen sind daher ein typisches Merkmal chaotischer Systeme. Beispiele für rein mathematisch erzeugte Fraktale finden sich in den Abbildungen 35 bis 37. Viele klassische geometrische Eigenschaften verlieren bei Fraktalen ihre Bedeutung. So macht es beispielsweise keinen Sinn, die Länge einer stark zerklüfteten Küstenlinie exakt bestimmen zu wollen. Sollten hier tatsächlich jeder Grashalm, jede kleinste Einbuchtung und jeder Kieselstein mitberücksichtigt werden, erschiene die Küste unendlich lang.

Abbildung 37: Mathematisch generierter Farn

Viele in der belebten und unbelebten Natur vorkommende Strukturen zeichnen sich durch einen hohen Komplexitätsgrad aus, dem klassische Methoden der Euklidischen Geometrie nicht gerecht werden können. Mit den Möglichkeiten moderner computergestützter Grafiksysteme und den Methoden der fraktalen Geometrie wird es jedoch möglich, solche komplexen Strukturen mathematisch zu behandeln und künstlich zu generieren. Die Abbildung zeigt den sogenannten *Barnsley-Farn*. Er entsteht durch einen einfachen, mehrfach wiederholten Kopieralgorithmus. Das Phänomen der sogenannten *Selbstähnlichkeit* ist in der Abbildung deutlich erkennbar. Der Farn ist über verschiedene Skalierungen hinweg mit sich selbst identisch bzw. ähnlich. Selbstähnlichkeit ist ein zentrales Merkmal organisierter Komplexität.

Auch die zahlreichen Lungenbläschen des Bronchialbaumes unserer Lunge führen zu einer kaum vorstellbar großen Oberfläche, die dennoch im Brustkorb bequem Platz findet. Was an diesen Strukturen zuerst auffällt, ist ihre Gebrochenheit. Sie erscheinen weniger greifbar und irgendwie wilder als die Prototypen der klassischen Euklidischen

Geometrie: Küstenlinien und Marktdaten bilden keine Geraden oder Kreisbögen, Baumkronen keine Kugeln und Berge keine Pyramiden, die Lunge ist kein Luftballon, Zebrastreifen sind nicht mit dem Lineal gezogen (Ausnahme: die auf dem Asphalt), usw.

Abbildung 38: Selbstähnlichkeit in der Natur – Romanesco

Der Romanesco ist eine Blumenkohlart, die ausgeprägte Strukturen der Selbstähnlichkeit aufweist. In jedem Detail scheint sich eine verkleinerte Ausgabe des Ganzen zu finden. Zudem sind die einzelnen Strukturen der Blütensprossen spiralförmig als sogenannte *Fibonacci-Spirale* angeordnet. Fibonacci-Spiralen folgen den Proportionen, die auch als „Goldener Schnitt“ bekannt sind und durch die Fibonacci-Reihe begründet werden.

Abbildung 39: Organisierte Komplexität und Kunst
Das Spannungsfeld zwischen Komplexität und Ordnung wird nicht selten als ästhetisch und anregend erlebt. Die Frage, wie in Kunst, Kultur, Forschung und Gesellschaft etwas Kreatives und Neues entstehen kann, ist wahrscheinlich nur vor dem Hintergrund der Theorien komplexer Systeme verstehbar. (Die Abbildung ist eine Kinderzeichnung von Sofie Strunk, Alter 3 Jahre.)

Die wilde Gebrochenheit macht Fraktale so besonders und ist ein Merkmal ihrer Komplexität. Gleichzeitig zeigen sie aber auch selbstähnliche Strukturen, die auf Ordnung und Musterhaftigkeit verweisen (z. B. Abbildung 38). Benoît Mandelbrot hat Vorschläge zur Vermessung der Komplexität von Fraktalen entwickelt. Seine Methodik erweitert den klassischen Begriff der Raumdimension. Die Dimension eines Fraktals ist in der Regel keine ganze Zahl und immer größer, als man es mit dem Hausverstand vermuten würde. So liegt es nahe, eine Küstenlinie für eindimensional zu halten, weil eine Linie eben eindimensional ist. Je zerklüfteter aber die Küstenlinie verläuft, desto mehr Gebrauch macht sie von der zweiten Dimension. Mit dem Grad ihrer Unregelmäßigkeit steigt ihre Dimension an – sie wird gewissermaßen flächig(er) und ist daher größer als eins. Da aber so eine Linie bei aller Zerklüftung trotzdem nicht zur Fläche wird, liegt die von Mandelbrot gemessene Dimension irgendwo zwischen eins und zwei. Sie wird also keine ganze, sondern eine „gebrochene" Zahl größer eins sein.

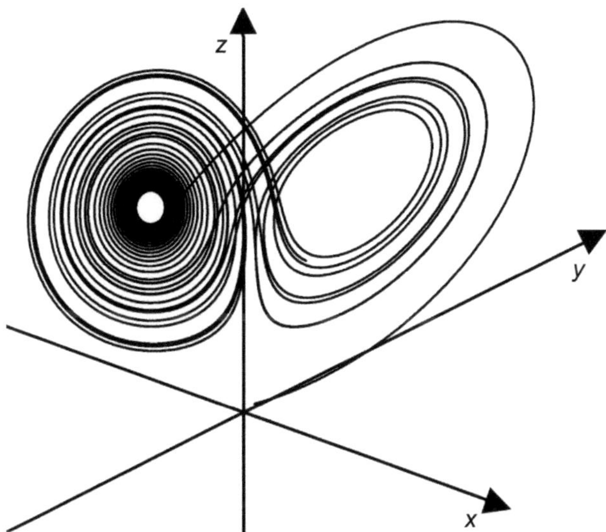

Abbildung 40: Das Wettermodell von Lorenz als Phasenraumabbildung
Die Abbildung zeigt die *Phasenraumdarstellung* des von Lorenz benutzten Wettermodells. Die drei generierenden Gleichungen lauten:

$$\dot{x} = -\sigma x + \sigma y\,,\ \dot{y} = -xz + rx - y\,,\ \dot{z} = xy - bz$$

Der Punkt über den Variablen zeigt an, dass es sich jeweils um Ableitungen nach der Zeit handelt. Die dargestellte Trajektorie beruht auf Berechnungen mit $r = 28$, $s = 10$, $b = 8/3$. Hinsichtlich ihrer physikalischen Bedeutung beschreiben die Gleichungen Konvektionsströme. Die wärmeren Luftmassen strömen dabei nach oben, kühlen dort ab und fallen wieder herab. Dabei entstehen raum-zeitliche Muster in den Luftströmungen. Solche Strömungsmuster können auch in erhitzten Flüssigkeiten beobachtet werden (sogenannte Bénard-Konvektion). Hierbei entstehen auffällige wabenartige Strukturen (Abbildung aus: Strunk & Schiepek 2006, S. 61).

Auch die Oberfläche Österreichs ragt wegen der vielen Berge in eine höhere Dimension. Die Oberfläche Österreichs ist daher nicht zweidimensional, sondern wird – wenn man genau nachmisst – größer als zwei ausfallen. Je mehr sich die Zahl vom „normalen" Wert entfernt, desto komplexer ist die Struktur. Bei biologischen Systemen erfüllt diese Form der räumlich-geometrischen Komplexität eine wichtige Funktion, vergrößert z. B. Oberflächen und Ränder, gleichzeitig wird sie ein an die jeweilige biologische Funktion angepasstes Ausmaß an Komplexität aufweisen und nicht beliebig hoch ausfallen. Möglicherweise ist die optimale Balance zwischen Komplexität und Ordnung auch ein Merkmal von Ästhetik, wie sie in der Kunst und Kultur eine Rolle spielt (Abbildung 39).

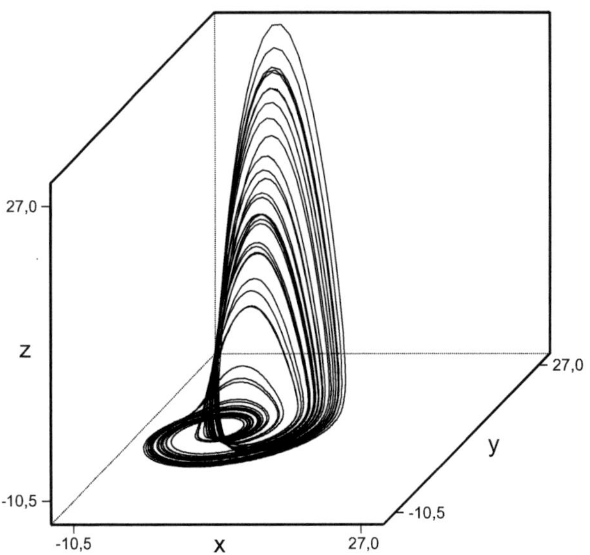

Abbildung 41: Phasenraumdiagramm des Rössler-Systems

Die dreidimensionale Einbettung der drei Zeitreihen des Rössler-Systems (Rössler 1976) zeigt einen chaotischen Attraktor. Die generierenden Gleichungen lauten:

$$\dot{x} = -(y+z), \quad \dot{y} = x + ay, \quad \dot{z} = \mathrm{b} + xz - cz\,.$$

Mit x, y, z sind die von der Zeit abhängigen Variablen des Systems bezeichnet. Diese Abhängigkeit von der Zeit wird durch den Punkt über den Variablen angezeigt. Die Konstanten lauten hier a = 0,38, b = 0,30 und c = 4,5.

Da sich auch zeitliche Strukturen – wie bereits gesehen – einfangen und abbilden lassen, können auch diese mit den Methoden der fraktalen Geometrie untersucht werden. So zeigte sich z. B., dass der DAX weit komplexere Strukturen hervorbringt als etwa das Wettersystem, mit dem Lorenz den Schmetterlingseffekt demonstriert hatte. Das Lorenz-System weist eine fraktale Dimension von 2,05 auf (Abbildung 40), während es der DAX gar auf etwas mehr als fünf Dimensionen bringt. Dass sich hier Dimensionsmaße größer drei ergeben ist kein Berechnungsfehler, sondern beruht auf der Möglichkeit der Mathematik, mit beliebig großen Vektorräumen zu rechnen. Man bedenke etwa, dass auch Persönlichkeitsfragebögen über fünf oder mehr Dimensionen verfügen können (Borkenau & Ostendorf 1993).

Die Idee vom Fraktal – als aufgrund seiner gebrochenen, selbstähnlichen Struktur besonders gegenüber Umwelteinflüssen robustem Gebilde – hat auch die Managementforschung beeinflusst. Insbesondere die Arbeiten von Warnecke (1993) zur Fraktalen Fabrik (Abbildung 42) schlagen vor, es in der Organisation von Produktionsprozessen den Fraktalen gleichzutun und selbstähnliche Strukturen zu installieren. Die Idee von der fraktalen Organisation (Warnecke 1993) geht dabei von selbstähnlichen organisationalen Strukturen aus, in denen sich die Grundstruktur der Organisation mehrfach wiederholt. Angestrebt wird eine fraktale Struktur, wie sie in der belebten und unbelebten Natur häufig zu beobachten ist und als besonders anpassungs- und leistungsfähig gilt. Jede Einheit sollte möglichst eigenständig strukturiert sein und durch gemeinsame Organisationsziele aufeinander bezogen bleiben.

Anders als es hier den Anschein hat, gehen Theorien der Komplexitätswissenschaft davon aus, dass komplexe Systeme ihre fraktalen Strukturen selbstorganisiert – also ohne explizite äußere Vorgaben (etwa durch ein top-down erzwungenes Organigramm) – selbst hervorbringen. Die Prinzipien der Selbstorganisation bieten Chancen, aber auch starke Beschränkungen in der Steuerung komplexer Systeme. Diese Aspekte werden im Kapitel 5 ausführlicher diskutiert.

Einige – aber längst nicht alle – Besonderheiten komplexer raumzeitlicher Strukturen:

- Die Identifikation zeitlicher Strukturen ist für das Verständnis von Märkten, Organisationen und Menschen hochbedeutsam. Die Reduktion dieser Prozesse – auf wenige simple Kennwerte wie die Volatilität des Marktes oder auf eine Vorher-Nachher-Messung, z. B. bei der Einführung neuer Managementmethoden – verkennt den Prozesscharakter des Geschehens.
- Zeitliche Strukturen lassen sich erkennen, wenn man spezielle Darstellungsformen (z. B. Phasenraumdiagramme) benutzt. Diese Methoden sind relativ neu (eine Methodensammlung findet sich in Strunk 2019).
- Die Besonderheit des Komplexen erfordert nicht nur spezielle Darstellungsmethoden, sondern auch spezielle Auswertungsmethoden sowie eine neue Theorie der Geometrie. Einfache Mittelwerte genügen nicht zur Kennzeichnung des Komplexen.

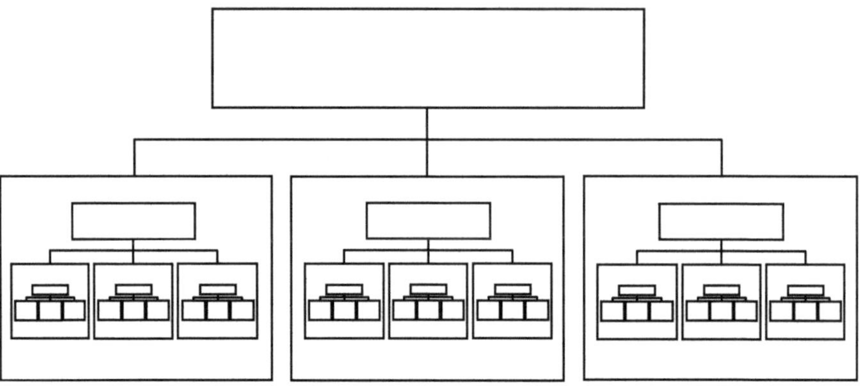

Abbildung 42: Fiktives Organigramm einer fraktalen Organisation
Die Idee von der fraktalen Organisation (Warnecke 1993) geht von selbstähnlichen organisationalen Strukturen aus, in denen sich die Grundstruktur der Organisation mehrfach wiederholt. Angestrebt wird eine fraktale Struktur, wie sie in der belebten und unbelebten Natur häufig zu beobachten ist und als besonders anpassungs- und leistungsfähig gilt (Abbildung in Anlehnung an: Turnheim 1991, S. 28).

Reflexionsfragen

- Zeichnen Sie eine Zeitreihe Ihrer Karriere (vielleicht für Gehalt, Führungsverantwortung, Zufriedenheit). Ist das ein komplexes Bild? Sehen Sie Zusammenhänge zwischen den Größen?
- Haben Sie Zeitreihen zur Hand, die Wirtschaftsdaten abbilden? Sehen Sie Muster, also ähnliche (nicht unbedingt identische) Abfolgen? Könnte das auch Zufall sein?

4.3 Komplexität, Schmetterlingseffekt und fehlende Periodik

Komplexe Systeme zeigen Merkmale von Ordnung und Musterhaftigkeit ebenso wie Merkmale von Komplexität und erratischer Unregelmäßigkeit. Dabei ist das Komplexe eine eigene Qualität, also so etwas wie ein eigenständiger Aggregatzustand. Es sollte weder mit trivialer Ordnung verglichen werden, wie sie in einfachen und komplizierten Systemen auftritt, noch sollte man es mit blindem Zufall verwechseln (Strunk 2009b, 2009a). Das Spannungsfeld zwischen trivialer Ordnung und blindem Zufall wird in Abbildung 43 veranschaulicht.

Komplexität als eigene Prozessqualität kann sich durchaus nahe an der Ordnung bewegen. Der Schmetterlingseffekt ist da, aber die Durchmischung der Systemzustände geschieht in einem eher trägen Knetvorgang. Bereits per Augenschein sind in solchen wenig komplexen Systemen die Ordnungsstrukturen erkennbar. Bei diesen Systemen neigt man leicht dazu, ihre Komplexität zu leugnen oder zu übersehen. Das Eigentliche sei hier die Ordnung, etwa die Gleichmäßigkeit des Herzschlags (Abbildung 32). Abweichungen werden dann in statistischen Modellen als Zufallsschwankungen oder Messfehler abgetan. *Die Komplexitätsforschung hat dieses Vorgehen umgedreht.* So siebt man bei den vermeintlich geordneten Systemen erst einmal die triviale und allseits bekannte Ordnung ab. Das, was übrig bleibt, das angebliche Rauschen oder der Messfehler, wird dann genauer unter die Lupe genommen. Und nicht selten verrät dieser erratische Anteil mehr über die Struktur des Systems, seiner Zustände und Zustandsabfolgen als die offensichtliche Ordnung.

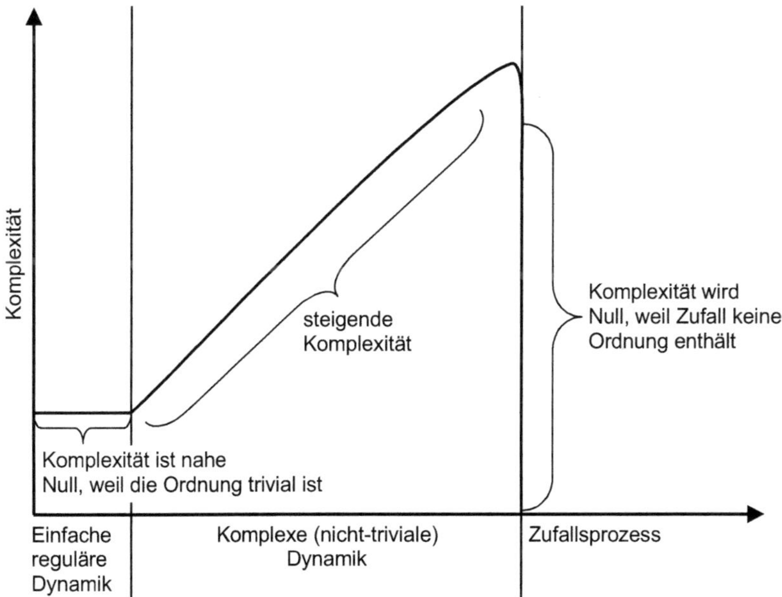

Abbildung 43: Komplexität als Funktion zwischen Ordnung und Zufall

Komplexität ist kein Zufall und erst recht keine triviale Dynamik. Ein ideales Komplexitätsmaß unterscheidet daher zwischen einer einfachen regulären Dynamik, für die es nahezu null sein sollte und einem Zufallsprozess, bei dem es erneut auf null geht. Dazwischen sollte das Maß zwischen Ordnung und Zufall monoton steigen (Abbildung nach: Strunk 2009b, S. 203).

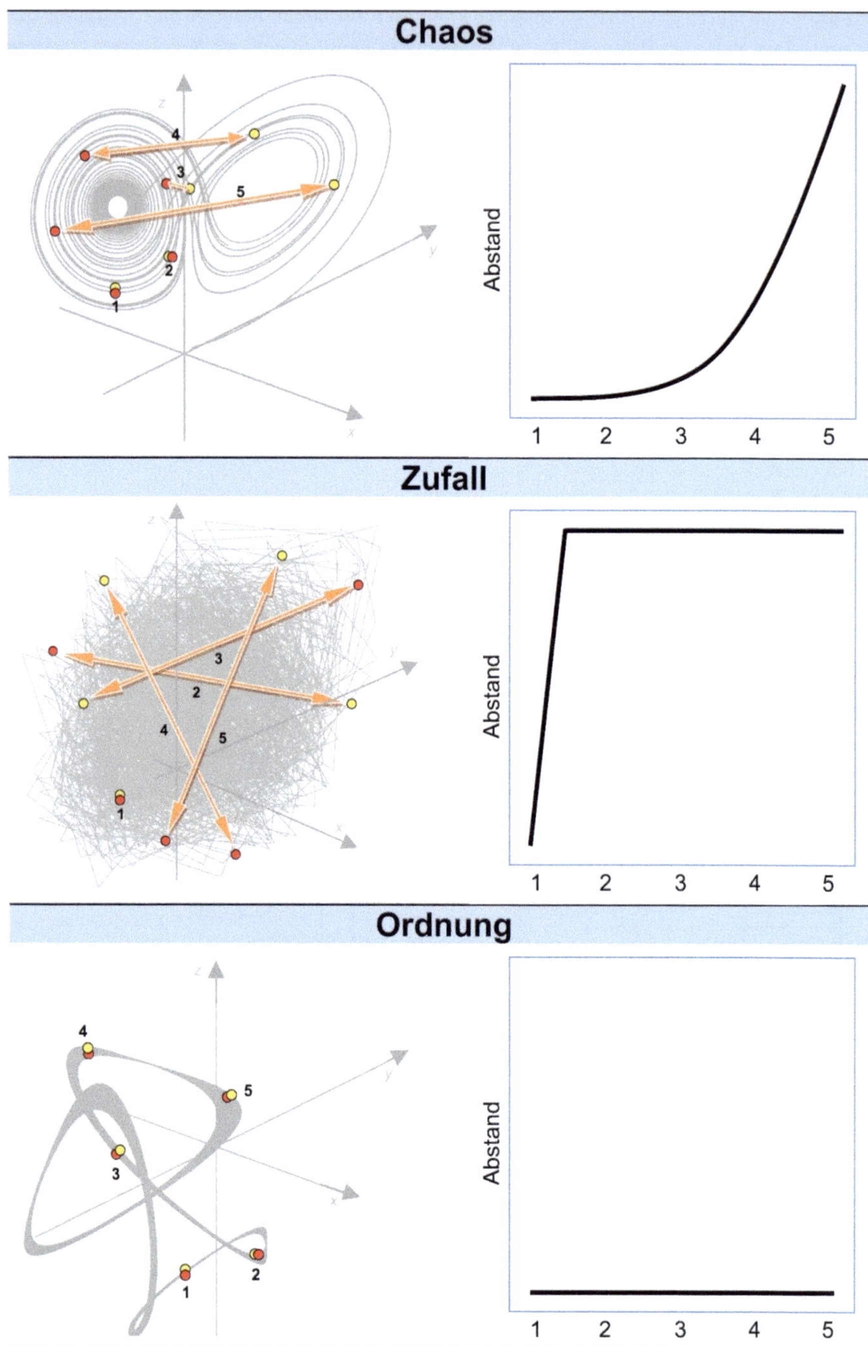
Chaos
4
3
5
2
1
Abstand
1
2
3
4
5
Zufall
3
2
4
5
1
Abstand
1
2
3
4
5
Ordnung
4
5
3
2
1
Abstand
1
2
3
4
5

Abbildung 44: Chaos lässt sich messen

Das zentrale Maß für Chaos ist der Lyapunov-Exponent. Er betrachtet, wie sich ursprünglich nahegelegene Zustände mit der Zeit voneinander entfernen oder beieinander bleiben. Für die Berechnung des Lyapunov-Exponenten wird zunächst ein Referenzzustand des Systems zum Zeitpunkt 1 gewählt (rot). Zu diesem Referenzzustand wird ein Vergleichswert gesucht, der der Referenz möglichst ähnlich ist (gelb). Zwischen beiden wird der Abstand vermessen. Die Entwicklung des Abstands beim Durchlaufen der Zeitpunkte 2, 3, 4 und 5 lässt Rückschlüsse auf die Komplexität der Dynamik zu. Bei Chaos kommt es zu einer exponentiell wachsenden Entfernung der Punkte. Das bedeutet, dass man in dem Zeitraum, in dem die Kurve noch nicht nach oben geschnellt ist noch recht gute Vorhersagen für das System machen kann. Man kann sagen, Chaos ist wie ein Nebel: In der Nähe kann man sehen, aber weiter entfernt ist nichts mehr zu erkennen. Bei Zufallsprozessen kommt es unmittelbar zu einer maximalen Entfernung. Bei geordneten Systemen verändert sich der Abstand zwischen den Punkten nicht.

Andere Systeme verhalten sich so komplex, dass eine Abgrenzung gegenüber dem Zufall nur mit aufwändiger Mathematik und Statistik möglich ist. Hier sind mit dem bloßen Auge keine Strukturen und keine Muster mehr erkennbar. Bei solchen Prozessen hat man früher oft von Zufall gesprochen. Erst mit dem Aufkommen der Methoden der Chaosforschung wurde es möglich, nach verborgenen Mustern zu suchen. Auch hier kann man mitunter fündig werden, etwa bei der Analyse von Börsenkursen, die im Umfeld dramatischer Ereignisse kurzfristig zu Ordnung neigen, bevor sie wieder im Zufallsrauschen versinken (Strunk 2019, Wagner 2019). Viele der von uns untersuchten Zeitreihen aus tagebuchartigen Fragebögen sehen zunächst so aus, als ob sie kein Muster enthalten würden (Abbildung 34). Es wird sich später noch zeigen, dass auch Episoden extrem hoher Komplexität oder Zufall in solchen Daten enthalten sein können und gerade dieser in der Regel zeitlich befristete Zufallsbereich ist besonders relevant für dramatische Musterveränderungen bei Menschen und in Organisationen (man spricht hier vom Auftreten kritischer Fluktuationen).

Die Bäckertransformation als Wechselspiel zwischen dem Schmetterlingseffekt und den ordnenden Kräften des Systems führt zu zwei Phänomenen, die jedem, der mit Menschen zu tun hat, bekannt sind. Menschen, egal wie ähnlich sie sich in ihrer Persönlichkeit, Lebensgeschichte oder Berufserfahrung auch sein mögen, verhalten sich in ähnlichen Situationen unterschiedlich und auch der gleiche Mensch reagiert auf ähnliche Situationen einmal so und ein anderes Mal anders. Handelt es sich dabei um die Auswirkung eines Schmetterlingseffekts, dann ist das „normal“; dann ist gar der Versuch des Managements, durch ein Mehr an Planung, Organisation und Kontrolle vorhersagbare Resultate zu erzielen, zwangsläufig zum Scheitern verurteilt. Damit soll keineswegs gesagt sein, dass man nichts tun könne oder gar, dass Planung, Organisation und Kontrolle überflüssig seien, weil man ohnehin nichts wissen könne. Gemeint ist vielmehr: Wenn Systeme in Struktur und Dynamik komplex sind, dann kann man sie nicht wie triviale Systeme behandeln, ohne ihnen Gewalt anzutun.

Wenn ein System komplex ist, muss man es wie ein solches behandeln – und dann muss der adäquate Umgang mit komplexen Systemen ganz oben auf der Liste der Lehrinhalte einer Managementausbildung stehen. Aber nicht nur unterschiedliche Effekte gleicher Interventionen bei ähnlichen Mitarbeiterinnen und Mitarbeitern sind aus der täglichen Managementpraxis bekannt, auch das Gegenteil ist häufig zu erleben. Sehr unterschiedliche Interventionen können ähnliche Verhaltensmuster nach sich ziehen. Man lässt sich etwas Neues einfallen, erarbeitet neue, alternative Sichtweisen, und am Ende der Besprechung merkt man, wie man im Kreis gelaufen ist und wieder dort steht, wo man angefangen hat. Divergenz und Konvergenz wirken in komplexen Systemen zusammen.

Auch das Phänomen der fehlenden Periodik ist aus der Praxis bekannt. Dort, wo man sich wiederholende Muster erwartet, etwa in den wiederkehrenden saisonalen Schwankungen der Nachfrage, ist doch niemals der gleiche Ablauf beobachtbar. Menschen verändern sich, und auch wenn es oberflächlich betrachtet so aussehen mag, man steigt nie zwei Mal in denselben Fluss. Schon Heraklit (520–460 v. Chr.) hat mit seinem berühmten *panta rhei* auf die dynamische Verfasstheit allen Seins verwiesen (vgl. Russell 1950, S. 66 ff.).

Nun ist die Ähnlichkeit von Phänomenen zugegebenermaßen kein zwingender Beweis für ihre Übereinstimmung. Auch wenn im Management ähnliche Phänomene zu beobachten sind wie im deterministischen Chaos, ist das alleine noch kein Beleg für das Vorliegen von Chaos im Management. Auf der anderen Seite erscheinen die bisher vorgebrachten Argumente auch nicht als völlig aus der Luft gegriffen und es ist daher sicherlich berechtigt, von einer gut begründeten Hypothese zu sprechen. Die Vermutung der Existenz von Chaos im Management ist theoretisch und empirisch besser begründet als etwa die Annahme einer „unsichtbaren Hand“. Denn während letztere „nur“ eine (mehr oder weniger) hilfreiche Metapher darstellt, verfügt die Systemtheorie hinter der Chaos-Hypothese über gut nachvollziehbare und theoretisch begründete Argumente für die Möglichkeit der Existenz des Komplexen im Management. Man versuche einmal, den Fragebogen auf Seite 83 f. so auszufüllen, dass Prozesse in Wirtschaft und Management gewiss nicht chaosfähig sind.

Einige – aber längst nicht alle – Besonderheiten des Management des Chaos:

- Wenn komplexe Systeme durch den Schmetterlingseffekt eine Planung erschweren, sollte man nicht zu weit in die Zukunft planen.
- Komplexität ist wie ein Nebel, der auch dann nicht verschwindet, wenn man sich mehr anstrengt. Agile Methoden, die immer wieder innehalten, um zu prüfen, ob der Weg noch stimmt, sind vor diesem Hintergrund effizienter als große Planungssysteme, die einmal alles festlegen, um dann grandios zu scheitern.
- Die Unmöglichkeit einer exakten Vorhersage menschlichen Verhaltens ist keine Einschränkung, sondern die zentrale Ressource für Innovation, Kreativität und Anpassungsfähigkeit.
- Man kann der Komplexität nur mit Komplexität begegnen. Eine Organisation sollte mit der Komplexität ihrer Umwelt Schritt halten können.

Reflexionsfragen

- Kennen Sie positive Überraschungen, bei denen die Unvorhersagbarkeit eines Ereignisses einen neuen Dreh, eine neue Idee gebracht hat?
- Wie können Sie mehr bereichernde Vielfalt in Ihr Leben bringen?
- Lassen sich Arbeitsgruppen oder Teams, für die Sie verantwortlich sind, als selbstorganisierte Einheiten gestalten? Worin sehen Sie hier Gefahren, wo Chancen?

4.4 Change-Prozesse

Die bisherigen Darstellungen haben einen für das Verständnis von Managementprozessen besonders interessanten Aspekt noch nicht beleuchtet. Komplexe Systeme können nicht nur *ein* Verhalten hervorbringen, sondern vereinen einen ganzen Zoo unterschiedlicher Prozessmuster in sich. Dies gilt bereits für trivial aussehende, einfache Systeme. Ein System, das chaosfähig ist, kann verschiedene Arten von Chaos zeigen und ist in der Regel auch zu einfachen und komplizierten Verhaltensmustern fähig. Schon die bereits diskutierte Verhulst-Gleichung, mit der oben das Naherholungsgebiet dargestellt wurde, kann sehr viele chaotische und nicht chaotische Verhaltensmuster ausbilden – das im Fallbeispiel demonstrierte Chaos (Tabelle 2) ist nur eines davon. Oben wurde angenommen, dass sowohl begeisterte und als auch genervte Badegäste jeweils vier Personen vom Glück oder Unglück am Badesee erzählen. Was aber, wenn es nur zwei und nicht vier Personen wären? Die Gleichung bliebe die gleiche, das System hätte sich nicht grundlegend geändert, nur die Mitteilungsbereitschaft der Erholungssuchenden wäre etwas geringer.

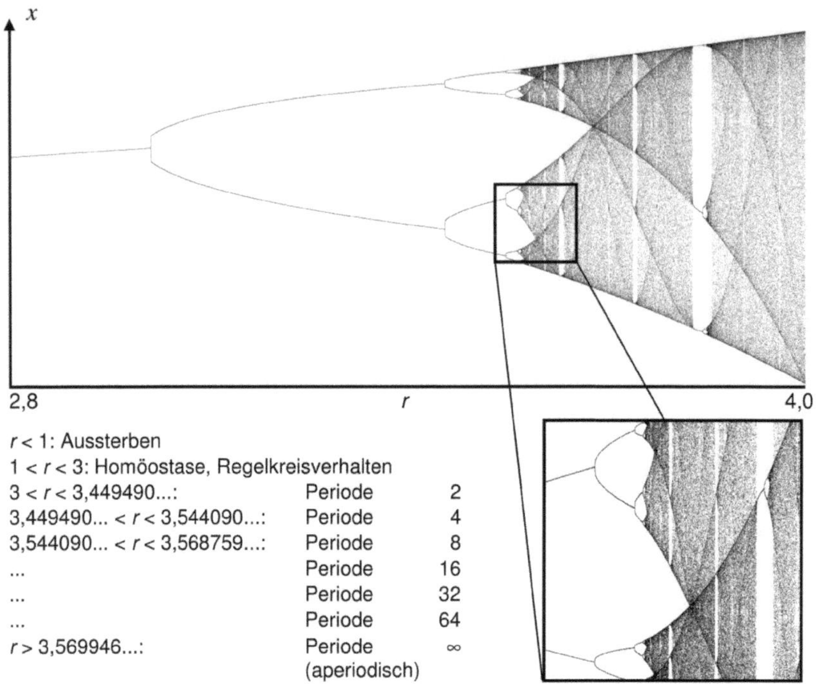

Abbildung 45: *Feigenbaum-Szenario* der Verhulst-Gleichung

Die Mitteilungsrate *r* ist im Wertebereich von 2,8 bis 4,0 in der Abbildung dargestellt. Jeweils darüber finden sich die dazugehörigen Ergebnisse der Gleichung für 300 aufeinanderfolgende Berechnungsschritte. Bis zu einem *r* von 3 realisiert das System einen Regelkreis, der nur einen Wert hervorbringt (Homöostase), bei größeren Werten kommt es zunächst zu einer einfachen Schwingung zwischen 2, dann zwischen 4, 8, 16 etc. Werten. Bei 3,5699 tritt erstmals Chaos auf. Man beachte die dahinter immer wieder auftretenden „Fenster der Ordnung" (Intermittenzen) im chaotischen Wertebereich von *r* (Abbildung nach: Strunk 2004, S. 111).

Rechnet man mit zwei statt mit vier, tritt kein Chaos auf. Das System verhält sich nun wie ein simpler Regelkreis. Egal, wie viele Sonnenbadende am ersten Tag kommen, egal, ob es einmal regnet oder was auch immer das System verstören könnte, es pendelt sich nach wenigen Tagen auf 50 % ein. Und was geschieht, wenn man annimmt, dass der See gegenüber drei Personen erwähnt wird? Was ist mit Zwischenwerten? Zum Beispiel könnte das Badeglück im Durchschnitt 3,4 Personen weitererzählt werden.

Wenn man verschiedene Zahlen durchprobiert, wird man feststellen, dass das System zu unglaublich vielen verschiedenen Verlaufsmustern in der Lage ist. So finden sich etwa periodisch schwankende Zahlen, die z. B. alle acht Tage von vorn anfangen. Auch 2er-, 4er-, 8er-, 16er-, 32er-, 64er-Perioden usw. lassen sich finden. Und sogar das Chaos tritt in unterschiedlicher Gestalt auf, mal erstreckt es sich auf alle Zahlen zwischen 0 und 1, mal bleibt es auf ein schmaleres Band beschränkt.

Der Mathematiker Mitchel Feigenbaum zeigt, dass sich sehr viele Systeme wie das Verhulst-System verhalten (Feigenbaum 1978). Er beschreibt seine Ergebnisse als universelle Naturkonstanten. Viele Systeme enthalten die Möglichkeit, sich einmal so und ein anderes Mal ganz anders zu verhalten. Im nach ihm benannten *Feigenbaum-Szenario* werden verschiedene mögliche Werte für die „Mitteilungsrate" des Verhulst-Systems ausprobiert und systematisch dargestellt (Abbildung 45).

Die hier als Mitteilungsrate bezeichnete Größe heißt allgemein *Kontrollparameter* und ist eine Konstante, die angibt, wie stark das System angeregt wird. Es ist also die Größe, die bestimmt, wie viel Energie durch das System fließt. Je nach Stärke dieses Energieflusses kann sich ein System unterschiedlich verhalten. Aber immer ist es das System, das sich verhält. Der Energiefluss gibt das Verhalten nicht vor, er regt das System nur an. Er ist damit die Bedingung für die Möglichkeit, dass das System sich verhalten kann. Es macht auch durchaus Sinn, die „Mitteilungsrate" des Naherholungsbeispiels als eine solche Anregungsenergie aufzufassen. Veränderung und Dynamik kommen in diesem System eben nur zustande, wenn die Badegäste anderen von ihren Erfahrungen berichten. Die Ausbreitung von Meinungen, Gerüchten und Moden wird von den Mitteilungsraten „angetrieben".

Im Feigenbaum-Szenario sind von links nach rechts die Verzweigungen des Systemverhaltens erkennbar. Sie heißen in einigen wissenschaftlichen Arbeiten *Bifurkationen* (Feigenbaum 1978, Bifurkationstheorie) und in anderen *Phasenübergänge* (Haken 1977, die Theorie heißt Synergetik). Damit sind sprunghafte qualitative Veränderungen im Systemverhalten gemeint. Bei mathematischen Systemen – wie beim Badeseebeispiel – sind sie deutlich erkennbar: Sprunghaft kommt es beim Überschreiten einer eng umgrenzten Schwelle für den Kontrollparameter zu einer Veränderung, die in einem bestimmten Bereich mit einer Verdopplung der Periodik einhergeht und später ins Chaos führt. Im chaotischen Regime liegt keine Periodik mehr vor. Zwischendrin geht die chaotische Dynamik immer wieder in Inseln der Ordnung über, die auch als Fenster der Ordnung bezeichnet werden. Im größten Fenster der Ordnung schwankt das System periodisch zwischen drei Werten. Erstaunlich, wenn man bedenkt, dass es sonst einer Verdopplung der Periodik (also Vielfachen von 2) zu folgen scheint (Li & Yorke 1975).

Insgesamt ist das Feigenbaum-Szenario ein wunderbares Beispiel für selbstähnliche, fraktale Strukturen. Der Formenreichtum ist auf immer wieder ähnlich auftretende Muster begrenzt und dennoch unbegrenzt und unendlich vielfältig in der Variation der Strukturen. Wie ist es möglich, dass eine simple Gleichung so viel Verschiedenartigkeit bei gleichzeitiger Selbstähnlichkeit erzeugt? Dass selbst einfache Systeme nicht nur ein einziges Verhalten ausbilden, sondern zu einer enormen Vielfalt fähig sind, ist eine erstaunliche Tatsache. Auch Unternehmen und die in ihnen arbeitenden Menschen spulen nicht nur *ein* Verhaltensmuster ab. Eine Lernende Organisation hat zudem das Ziel, sich immer wieder neu an veränderte Umwelteinflüsse anzupassen, also unpassende Muster aufzulösen und neue, besser passende zu etablieren. Dort, wo Management von einem Muster in ein anderes führen soll, benötigt man eine Idee davon, wie man in komplexen Systemen zielgerichtet Veränderungen anregen kann. Das Feigenbaum-Szenario gibt einen Eindruck davon, wie das gehen kann. Gleichzeitig vermittelt es die Hoffnung, dass auch noch so festgefahrene Muster nicht die einzigen sind, die ein System drauf hat.

Einige – aber längst nicht alle – Besonderheiten des Komplexen:

- Komplexe Systeme verfügen in der Regel über sehr viele verschiedene Möglichkeiten, sich zu verhalten.
- Der Schlüssel zu alternativen Verhaltensweisen liegt nicht in der Manipulation der Systemelemente, sondern in der Anregungsenergie des Systems.
- Es ist in realen Systemen nicht möglich, alle verborgenen Verhaltensmuster vorab zu bestimmen. Die Möglichkeit zur Vielfalt ist eine zentrale Ressource des Managements.

Reflexionsfragen

- Die Energie in einem System bestimmt über das typische Verhaltensmuster. Was vermittelt Ihnen Energie? Was hemmt Sie?
- Wie erleben Sie Ihr Verhaltensrepertoire, wenn Sie energiegeladen sind?
- Kann es auch mal zu viel sein? Kennen Sie das von sich oder von anderen, dass das Verhalten kippt, wenn die Taktung zu hoch wird?

5 Lernende Organisation und Change als Phasenübergang

Die Möglichkeit zur „echten“ Komplexität findet sich bereits in einfachen Systemen mit gemischtem Feedback und nichtlinearen Wechselwirkungen. Dies widerspricht etlichen in den Wissenschaften wie auch in der Alltagslogik üblichen Denkschemata. Auch wenn man mit Mathematik nicht viel anfangen kann – dass man einfache Gleichungen zumindest prinzipiell lösen können sollte, wird wohl in aller Regel für selbstverständlich gehalten. Dass aber gerade besonders einfache Gleichungen ein Verhalten hervorbringen, das als „chaotisch“ zu bezeichnen ist, hätte bis in die 1960er-Jahre kaum jemand für möglich gehalten.

Noch interessanter ist die Vielfalt der Verhaltensmuster, die sich hinter einfachen Systemmodellen verbergen. Die Fähigkeiten von Systemen, durch Phasenübergänge ihr Verhalten zu verändern ist für das Management höchst bedeutsam, zeigen sie doch, wie man in komplexen Systemen Veränderungen anregen kann.

5.1 Synergetik – Theorie des Phasenübergangs

Die Theorie, welche die Dialektik von Stabilität und Wandel zu ihrem zentralen Thema erhoben hat, ist die von Hermann Haken 1969 begründete *Synergetik* (Haken 1969, 1985, 1988b, 1988a). Seitdem sie zunächst im Bereich der Quantenoptik entwickelt wurden, sind zahlreiche wissenschaftliche Arbeiten erschienen, in denen die Synergetik auch auf Prozesse in der Wirtschaft und im Management (Liening 2017, Strunk 2019) auf psychische und soziale Prozesse (Strunk & Schiepek 2006), motorische Verhaltensmuster (Haken et al. 1985), neuronale Aktivität (Freeman 1999, Schiepek 2003) und viele andere Phänomene angewandt wurde. Die Synergetik ist eine Systemtheorie, die nichtlineare Wechselwirkungen und Chaos ebenso einschließt wie einfache und komplizierte Verhaltensmuster. Sie umfasst die gesamte oben präsentierte Landkarte (siehe Abbildung 1). Anders als die Chaosforschung bleibt sie also nicht auf ein spezifisches Verhalten (Chaos) beschränkt, sondern interessiert sich allgemeiner für Prozesse der Ordnungsbildung in Systemen (Selbstorganisation) und für Phänomene im Umfeld von qualitativen Veränderungen der Systemdynamik (Phasenübergänge). Chaos ist nur eine von vielen Varianten des Systemverhaltens und nicht der alleinige Fokus.

Die Synergetik wurde ursprünglich als Theorie für das im Laser auftretende hochgeordnete Licht entwickelt und beruht auf anspruchsvollen mathematischen Modellen (Haken 1970, 1990, 2004). Man könnte die Synergetik auch als ausgefeiltes mathematisches Analysewerkzeug für Strukturen und Strukturveränderungen bezeichnen. Es ist jedoch ein wesentlicher Verdienst von Hermann Haken, bereits zu Beginn dieser Entwicklungen auf „einfache" Schlussfolgerungen seiner Theorie hingewiesen und an Alltagserfahrungen demonstriert zu haben. So wurden Wahrnehmungsexperimente – z. B. die Wahrnehmungsdynamik bei der Betrachtung von Kippbildern (Abbildung 46) – oder einfache Fingerübungen (Abbildung 47) zu zentralen Anschauungsbeispielen. Ungeachtet dieser Anschaulichkeit ist die Sprache der Synergetik auch dort, wo sie auf Mathematik verzichtet, abstrakter als die gut nachvollziehbaren Prozesse von Teufels- oder Regelkreisen. Immerhin geht es hier um das Verhalten komplexer Systeme.

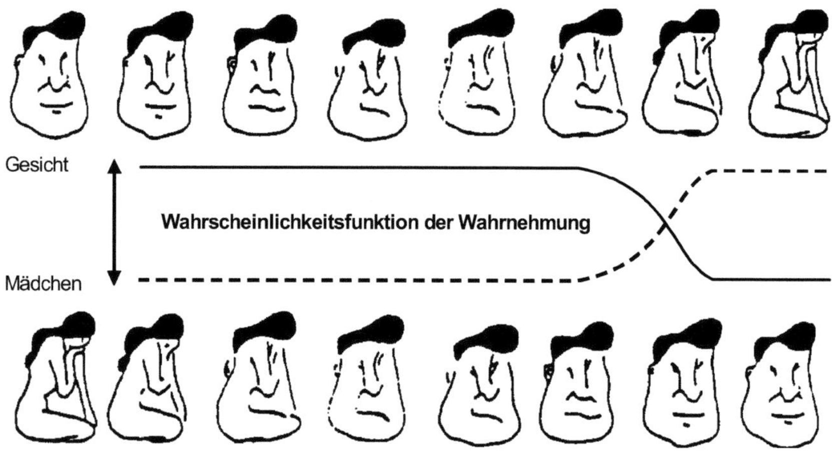

Abbildung 46: Attraktoren der Wahrnehmung – Gesicht oder Mädchen
Bei allmählicher Veränderung des Stimulusmaterials kommt es zu einem Verharren in der zuvor eingenommenen Wahrnehmungskategorie, die erst relativ spät zu einem Umschlagen in die andere Wahrnehmungskategorie führt. Das Wahrnehmungssystem wird also, geleitet durch den Kontext seiner erstmaligen Wahrnehmung, in einem Attraktor gehalten, was man als Hysterese bezeichnet (Abbildung nach: Haken, 1990a, S. 23).

In der Synergetik geht es – quasi dialektisch – einerseits um die Möglichkeit von Vielfalt und andererseits um die Realisierung nur eines oder weniger Verhaltensmuster von vielen möglichen. Es geht um Systeme, denen viele mögliche Verhaltensweisen zumindest prinzipiell zur Verfügung stünden. Beispielsweise kann ein Mensch viele verschiedene Gedanken denken, unterschiedliche Gefühle haben, vieles aus seinem Leben und seinen Berufswünschen machen, sich unterschiedlich bewegen, mal die eine und mal eine andere Entscheidung treffen und so weiter. Diese Möglichkeit zur Vielfalt ist zentral für die Synergetik, die sich mit Systemen beschäftigt, an denen unzählige Atome, Moleküle, Zellen, Individuen, Mitarbeiterinnen und Mitarbeiter, Firmenniederlassungen, Marktteilnehmerinnen und -teilnehmer, Kundinnen und Kunden – oder allgemein gesprochen viele Komponenten – beteiligt sind, die sich alle recht unterschiedlich verhalten könnten, es aber unter bestimmten Bedingungen nicht tun.

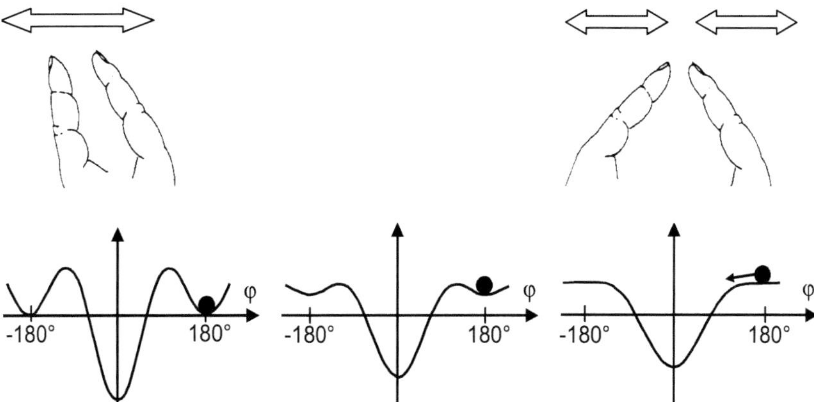

Abbildung 47: Das Fingerbewegungs-Paradigma

Die Synergetik thematisiert Stabilität und Wandel in Abhängigkeit vom Energiedurchsatz des Systems. Beide Zeigefinder werden parallel hin und her bewegt (oben, links). Wird die Geschwindigkeit der Bewegung erhöht, kippt das Muster plötzlich von der parallelen zur symmetrischen Fingerbewegung (oben, rechts). Unten: Potenzialdarstellung des Phasenübergangs bei immer schnelleren Fingerbewegungen. Die parallele Bewegung ist als 180°-Winkel eingezeichnet. Viel attraktiver ist aber die symmetrische Bewegung in der Mitte bei 0°. Zunächst bemüht sich die Versuchsperson, die Finger parallel zu bewegen und die Kugel bleibt stabil in ihrem lokalen Potenzialtal. Bei schnellerer Bewegung (Mitte) wird die Grenze zwischen dem Tal bei 180° und dem Tal in der Mitte immer kleiner. Schließlich verschwindet die Barriere und die Kugel rollt ungehindert in das Potenzialtal der symmetrischen Bewegung. Wird nun die Geschwindigkeit zurückgenommen, bildet sich die Barriere durchaus zurück. Dies und die Tiefe der mittleren Potenzialmulde sorgt dafür, dass die Kugel nicht von allein in den alten Zustand zurückrollt (Abbildung nach: Haken 1987, S. 152).

Der Physiker Erwin Schrödinger (1887–1961) hat einmal danach gefragt, wie es denn sein kann, dass ein aus so vielen Einzelteilen bestehendes System wie unser Gehirn gleichzeitig immer nur ein einziges Ich hervorbringt (Schrödinger 1989/1944, 1989/1958). Schrödinger verweist darauf, dass es auch bei dramatischen psychischen Störungen zu einem Zeitpunkt immer nur ein Ich zu geben scheint. Um Antworten auf solche Fragen geht es in der Synergetik, und diese werden mit dem Begriff der *Selbstorganisation* verknüpft: Selbstorganisation bringt auf Märkten einen Marktpreis und unser Gehirn durch Selbstorganisation ein „Ich“, eine Entscheidung oder die Bewertung einer Situation hervor. Die vielen Möglichkeiten eines Systems, sich zu verhalten, lassen sich als Wettbewerb beschreiben, ähnlich wie er von Charles Darwin (1809–1882) im Rahmen seiner Evolutionstheorie zwischen verschiedenen Phänotypen und zwischen biologischen Funktionsprinzipien dargestellt wird (Darwin 1859). Feedbackprozesse verstärken einige Eigenschaften und lassen andere verschwinden. Das kann auch in physikalischen Systemen geschehen und muss nichts mit einem *survival of the fittest* zu tun haben.

Im Laser z. B. wird Materie angeregt, ein hochgeordnetes Licht auszusenden. Das ist durchaus erstaunlich, weil sich die Licht aussendenden Atome dafür eigentlich „absprechen“ und auf eine bestimmte Lichtfrequenz einigen müssten. Man kann Materie zur Emission von Licht bringen, indem man sie einfach von außen dazu anregt: Hohe Temperaturen bringen Eisen zum Glühen, starker Strom in einem Wolframfaden lässt diesen in Glühlampen erstrahlen. Dabei ist die Anregungsenergie völlig unspezifisch und jedes Atom im Eisen oder Wolfram reagiert mit einem etwas anderen Lichtausstoß. Die unendlich vielen Wellenlängen, die sichtbares Licht ausmachen, kommen hier dann auch fast alle vor, überlagern sich, und in Summe erscheint das Licht weiß: Weißes Licht besteht aus allen Farben des Spektrums und keine dominiert dabei. Im Laser sind hingegen Feedbacksysteme integriert. Spiegel leiten das erzeugte Licht zurück in das aktive, Licht emittierende Material (das kann ein Edelgas wie Radon beim Gaslaser oder ein Rubin beim Festkörperlaser sein). Die Lichtwellen beeinflussen so die anderen Atome in ihrer Lichterzeugung (ein Vorgang, der nach einem von Einstein 1916/1917 entdeckten Prinzip als „induzierte Emission“ bezeichnet wird), wobei deren emittierte Lichtwellen dann ebenfalls durch die Spiegel zurück ins aktive Material geleitet werden und erneut zu Beeinflussungen führen. Man benötigt viel Anregungsenergie, damit das ausgesendete Licht über die Spiegel tief genug ins Material geleitet wird und dort etwas bewirken kann. Ist aber die Energiezufuhr hoch genug, kommt es durch den Feedbackprozess zur Verstärkung einiger besonders energiereicher Lichtwellen und zur Abschwächung vieler anderer. Es erfolgt eine lawinenartige Verstärkung und Selektion – der Laser hat sich auf eine einzige Wellenlänge „geeinigt“.

Die Grundidee lässt sich auch in zahlreichen Phänomenen des menschlichen Lebens wiederfinden. Hermann Haken selbst hat als Beispiel einmal ein Scrabble-Spiel herangezogen (Haken 1979, S. 8). Stellen wir uns eine Spielerin vor, die vor sich verschiedene Buchstaben liegen hat. Sie soll daraus Worte bilden. Es ist klar, dass das nur gelingt, wenn sie dazu auch motiviert ist. Die Motivation entspricht hier der Anregungsenergie. Es ist ebenfalls einsichtig, dass die Buchstaben prinzipiell in sehr vielen Reihenfolgen hintereinandergelegt werden können. Klar, einige Reihenfolgen entsprächen keinen sinnvollen Wörtern, aber auf der naiven Mikroebene der Aufgabenstellung besteht ja gerade die Schwierigkeit darin, die vielen möglichen Anordnungen nach Sinn und Unsinn zu unterscheiden. Die Bewertung als sinnlos oder sinnvoll ist die Feedbackschleife des Systems. Diese Bewertung kann natürlich nicht von den Buchstaben geleistet werden, sondern geschieht durch die Spielerin. Ohne Bewertung ist zunächst alles möglich: nur 15 Buchstaben lassen sich in 1.307.674.368.000 Abfolgen anordnen. Es ist nicht wirklich wichtig, wie die Spielerin vorgeht. Sie kann einen beliebigen Buchstaben als Anfangspunkt zufällig auswählen.

Sie wählt zufällig ein O.

Sobald sie das tut, setzt ein Feedbackprozess ein, der mögliche Nachfolger auf diesen Buchstaben als wahrscheinlicher oder unwahrscheinlicher eingrenzt. Es ist klar, dass nicht auf jeden Buchstaben jeder andere folgen kann. Unsere Sprache kennt Buchstabenhäufungen und bevorzugte Sequenzen. Auf einen Vokal folgt z. B. häufig ein Konsonant. Auch hier könnte sie zufällig wählen und in der anschließenden Bewertung die Kombinationen ausschließen, zu denen ihr auf die Schnelle kein Wort einfällt.

Sie wählt ein r und erhält: Or.

Bereits nach nur zwei Buchstaben formen sich im motiviert betriebenen Suchspiel erste echte Worte. Ein *t* wäre nun ganz hilfreich und ein kurzes, aber vollständiges Wort wäre fertig.

Sie wählt ein d und erhält: Ord.

Jetzt wird auch klar, wohin es geht. Ordner, Ordnung, Ordnen, irgendetwas in dieser Art … Gar nicht schön, wenn es jetzt kein *n* gäbe.

Mit jedem neuen, vielleicht anfangs nur zufällig gewählten Buchstaben wächst der Druck auf sinnvolle Ergänzungen. Die Möglichkeiten grenzen sich rasant ein und das sich bildende Wort zwingt zu einer immer gezielteren Suche. In der Synergetik betont man die dramatischen Zwänge, die von der sich bildenden Ordnung ausgehen. Die sich bildende Ordnung erzwingt den weiteren Prozess, der bald schon gar nicht mehr anders kann, als sich dem vielleicht nur zufällig (d. h. aus auch ganz anders möglichen Anfangsbedingungen heraus) entstandenen Muster zu unterwerfen.

Die Synergetik unterscheidet daher eine Mikroebene von einer Makroebene der Beschreibung (Abbildung 48). Die *Mikroebene* umfasst die Teile und deren mögliche Konstellationen und Anordnungen. Auf der Mikroebene ist zunächst alles möglich und nichts ausgeschlossen. Systeme generieren bei genügend Anregung und Motivation spontan eine Vielzahl an Konstellationen und Verhaltensweisen, die in der Synergetik als *Moden* bezeichnet werden. Diese Moden sind auf der Suche und erproben sich in Vielfalt. Das klingt dann in etwa so wie ein Orchester, bevor die Dirigentin oder der Dirigent die Bühne betritt. Jedes Element der Mikroebene ist nur mit sich selbst beschäftigt. Damit aus der ungeordneten Vielfalt der Mikroebene eine Ordnung hervorgehen kann, ist es notwendig, dass positive und negative Feedbackprozesse in das Geschehen eingreifen. Positive Feedbackprozesse können – sobald sie ins Spiel kommen – die Bildung immer neuer Moden beschleunigen. Wirken in einem System dann zudem wertende Feedbackprozesse, kommt es zu einer Auswahl von Moden. Wie das konkret geschieht, hängt vom System ab.

Bezeichnend für Selbstorganisationsprozesse ist, dass Muster und Strukturen erst auf einer *Makroebene* entstehen. Die einzelnen Zellen einer Pflanze wissen nichts von den anderen Zellen der Mikroebene, aber auf der Makroebene bilden sie die lebensfähigen Bestandteile einer hochkomplexen Struktur aus Blättern, Zweigen und Wurzeln. Auch die Nervenzellen eines Gehirns wissen nichts vom „Ich". Dies entsteht auf der Makroebene und die ist etwas anderes als die Summe der Nervenzellen (eine solche Übersummativität wird als *Emergenz* bezeichnet). Während die Mikroebene anfänglich viele Moden hervorbringt, entsteht auf der Makroebene ein Muster, das durch Feedbackprozesse zunehmend Druck auf die Moden der Mikroebene ausübt, sodass diese beginnen, sich nach den „Vorgaben" der Makroebene zu richten. Der Autofahrer, der im Stau auf die anderen schimpft, die ihm die Freiheit nehmen, aber selbst nicht sieht, dass er Teil des Staus ist und ihn mitverursacht, ist ein gutes Beispiel für eine solche Beziehung zwischen Mikro- und Makroebene.

Einige Schlussfolgerungen aus der Synergetik sind für das Verständnis von Prozessen in und um Organisationen und damit für das Management bedeutsam:

- *Prinzipielle Offenheit für vielfältige Entwicklungen.* Die Synergetik beschäftigt sich mit Systemen, die auch anders könnten und prinzipiell sehr viele Möglichkeiten und Freiheitsgrade besitzen. Das gilt im Besonderen für das bio-psycho-soziale System des Menschen. Wenn einem Lebewesen viele Möglichkeiten offenstehen, sich zu verhalten, dann dem Menschen. Damit sollen die Grenzen unserer Existenz nicht geleugnet werden. Organisationen als von Menschen geschaffene Systeme sind hingegen schon das Ergebnis von Selbstorganisationsprozessen. Sie können z. B. streng hierarchisch und wenig offen für äußere Einflüsse angelegt sein, wie z. B. das klassische Beamtentum oder die Befehlskette des Militärs, oder sie sind sehr flexibel organisiert und daher offen für unterschiedliche Entwicklungen (Lernende Organisation, agiles Management, *Effectuation Theory*). Und auch wenn Organisationen bereits in ihrer Entstehung wichtige Weichenstellungen setzen, bleiben sie dennoch in der Lage, sich in Zukunft anders zu verhalten. Sie sind damit prinzipiell offen für vielfältige Entwicklungen.

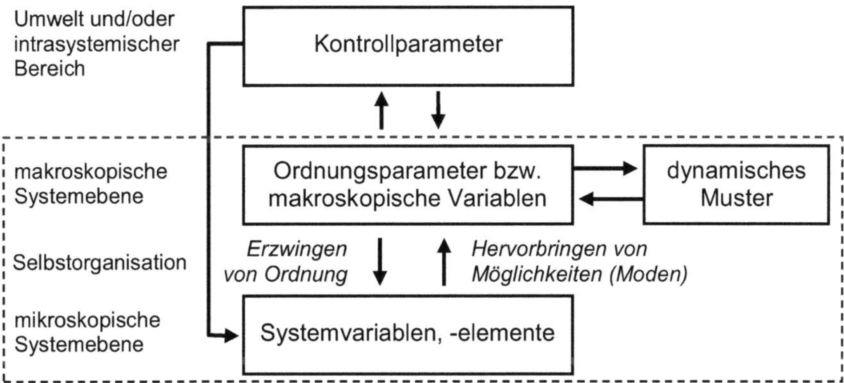

Abbildung 48: Grundmodell der Synergetik

In der Synergetik wird eine Mikro- und eine Makroebene unterschieden. Die Elemente der Mikroebene bilden das System in seiner Struktur und seinem Aufbau ab. In der Regel besitzen komplexe Systeme auf der Mikroebene eine große Anzahl möglicher Freiheitsgrade. Selbstorganisation bedeutet die Reduktion der aus der Mikroebene hervorgehenden Verhaltensmöglichkeiten (Moden). Auf der Makroebene entsteht ein *Ordnungsparameter*, d. h. ein dynamisches Muster, da sich eine dominante Mode durchsetzt und die Mikroebene zunehmend dazu zwingt, ihrer Ordnung zu folgen. Eine notwendige Bedingung für die Herausbildung makroskopischer Ordnungsmuster ist die Versorgung des Systems mit Energie. Die Energieversorgung wird durch *Kontrollparameter* gesteuert, die außerhalb des Systems liegen können. Die Mikroebene kann verschiedene Moden hervorbringen und welche sich durchsetzt hängt stark von diesen Kontrollparametern ab (Abbildung in Anlehnung an: Schiepek & Strunk 1994, S. 27).

- *Selbstorganisation.* Gleichzeitig zeigt die Synergetik, wie Feedbackprozesse auf der einen Seite Freiheitsgrade ausweiten und bereichern und auf der anderen Seite beschneiden, regulieren und ordnen. Sie betont die Selbstorganisationskraft von Systemen, die auf der Mikroebene beständig neue Möglichkeiten hervorbringen und zeigt, wie ordnende Kräfte ein dominantes Muster lawinenartig verstärken und so das gesamte System in den Bann dieses Musters zwingt. Systeme bilden sehr schnell Ordnungsstrukturen aus. Man könnte sagen, sie fühlen sich ohne Ordnung unwohl und der Umwelt schutzlos ausgeliefert. Selbstorganisation schafft organisierte und gut angepasste Strukturen, die aber, sobald sie einmal da sind, mitunter auch als starr und schwer beeinflussbar erlebt werden. Prozesse der Ordnungsbildung ermöglichen es einem System, sich von seiner Umwelt abzugrenzen. Erst dadurch wird es als Organisation autark und überlebensfähig. Gleichzeitig schränkt es sich damit auch ein. Hier passt der Kalauer – wer nach allen Seiten hin offen ist, kann nicht ganz dicht sein. Selbstorganisation macht dicht. Das ist gut so. Aber es kann auch übertrieben werden. Flexibilität wird für Sicherheit eingetauscht. Diese Ordnungsbildung kann also ein Segen sein. Unser Gehirn erzeugt ein weitgehend konsistentes Ich, das ist die Grundlage unseres psychischen Bewusstseins. Oder: Ein Unternehmen entsteht aus einer Geschäftsidee und entwickelt daraus eine Marke, die weltweit bekannt wird. Ordnungsbildung kann aber auch ein Fluch sein, wenn sie sich als Burnout oder eine strategisch ungünstige Investitionsentscheidung ohne Möglichkeit zur Korrektur manifestiert. Selbstorganisation ist ein Prozess der Ordnungsbildung und als solcher zunächst wertneutral. In jedem Fall wird damit ein prägnanter Unterschied zwischen Synergetik und Kybernetik markiert: In der Kybernetik werden die Verhaltensvorgaben, an denen sich ein System orientiert, in der Regel von außen vorgegeben (Sollwert-Setzung), z. B., indem man die Temperatur in seiner Wohnung durch Einstellungen am Thermostat vorgibt. Im Modell der Synergetik dagegen generieren die Systeme selbst ihre Sollwerte oder allgemeiner: die Verhaltens- und Strukturvorgaben (Ordner), die für ihr Verhalten kurz-, mittel- oder langfristig bestimmend sein sollen. Solche Vorgänge treffen etwa auch auf soziale Prozesse zu: Organisationen sind ja von Menschen geschaffene Strukturen und diese Strukturen verleihen einigen Personen mehr Macht und Einfluss als anderen. Obwohl es manchmal nicht so scheint, werden die mächtigen Personen erst durch die Organisation mit Macht versehen. Organisationen statten einige Menschen mit Macht aus. Sie bringen die für sie einflussreichen Persönlichkeiten also selbst hervor und an die Spitze ihrer Hierarchie. Gleichzeitig gehört es zum Wesen von Macht, dass die Mächtigen das Verhalten der weniger Mächtigen beeinflussen können. Soziale Systeme – so könnte man vereinfachend sagen – schaffen Strukturen und Hierarchien, die dann dazu führen, dass die Personen oder Institutionen, die an die Spitze der Hierarchie gestellt werden, die Spielregeln des sozialen Systems maßgeblich vorgeben. Und diese Spielregeln bestimmen, wer für geeignet gehalten wird, Macht zu übernehmen. Dieser Prozess läuft im Kreis und man kann nicht sagen, wer Ursache und was Wirkung ist.

- *Energie.* Eine wichtige Rolle spielen in der Synergetik die Feedback- und Bewertungsprozesse des Systems. Diese benötigen Energie, um Wirkung entfalten zu können. Energie ist in den Naturwissenschaften ein abstrakter Begriff, der etwas benennt, was nicht Element des Systems ist, dieses aber antreibt. Die Energie wirkt unspezifisch und kann ganz unterschiedliche Auswirkungen haben, die vom System abhängen und eben nicht von der Energie. So kann man mit elektrischer Energie ganz unterschiedliche Systeme antreiben. Ohne Strom kein Internet, aber das Internet ist etwas anderes als die Elektrizität, die es funktionieren lässt. Ähnliches gilt auch im Management. Hier unterscheiden wir die Motivation, die gegeben sein muss, damit etwas geschieht auf der einen Seite und die konkreten Ausführung einer Arbeit auf der anderen. Die Motivation ist die Voraussetzung für ein Tun, für Arbeit, für Leistung, aber nicht der Inhalt des Tuns. Der Energiebegriff ist in der Wirtschaftswissenschaft nicht so üblich wie in den Naturwissenschaften, aber hier wie dort lassen sich Aspekte von Systemen beschreiben, die etwas in Gang setzen, ohne vorzugeben, wohin genau die Reise geht. Motivation, das Wollen, Vertrauen, Liquidität, Geldfluss und Informationsverfügbarkeit sind für das Management oder allgemeiner für Wirtschaftssysteme antreibende Kräfte. Ein Managementansatz, welcher die Motivationslagen, Antriebe, Wünsche und Bedürfnisse des Menschen vernachlässigt, würde auf wackligen Beinen stehen. Für den Menschen fasst Grawe (2004) solche antreibenden Kräfte zusammen als Bedürfnisse nach (a) Bindung und sozialer Zugehörigkeit, (b) Sicherung und Steigerung des Selbstwertgefühls, (c) Selbstwirksamkeit im Sinne von Kontrollierbarkeit und Handhabbarkeit konkreten Tuns wie auch der Lebensführung sowie (d) Lustgewinn und Unlustvermeidung. Ähnliche Antriebe enthält Antonovskys „Kohärenzsinn" (*sense of coherence*), nämlich Verstehbarkeit, Handhabbarkeit und Sinnhaftigkeit des Tuns (Antonovsky & Franke 1997). Klassische Arbeiten aus dem *Scientific Management* ignorieren und unterdrücken diese menschlichen Bedürfnisse, um Managementsysteme rational planen zu können. Insofern unterscheidet sich die Synergetik grundlegend von solchen Ansätzen aus der Frühzeit der Managementwissenschaften.

- *Deterministisches Chaos.* Als Systemtheorie, die die Komplexitätswende aktiv mitbetrieben hat, ist die Synergetik offen für verschiedene Arten der Ordnungsbildung. Chaos als eine mögliche Form komplexer Ordnung spielte bereits in den Anfängen der Synergetik eine Rolle. Sie betont, dass auch Chaos das Ergebnis eines Selbstorganisationsprozesses ist und damit – bei aller Komplexität – den ordnenden Zwängen des makroskopischen Musters (des chaotischen Attraktors) unterliegt. Chaos ist ein stabiles Verhaltensmuster eines Systems, daran ändert auch der Schmetterlingseffekt nichts. Mit anderen Worten: Es ist egal, wie bizarr und skurril das Verhalten einer Marktes, einer Organisation oder eines Menschen erscheint. Immer dann, wenn dieselbe Skurrilität auch nach Interventionen oder Veränderungen in der Umwelt wieder eingenommen wird, handelt es sich um einen Attraktor, also um einen selbstorganisierten Prozess, in dem das vom System selbst hervorgebrachte chaotische Verhalten einen Zwang entwickelt, von dieser Form der Komplexität nicht mehr abzuweichen.
- *Ordnungs- bzw. Phasenübergänge.* Dynamische Muster – seien sie nun chaotisch oder nicht – sind Muster, die sich gegen äußere Verstörungen wehren. Sie sind an der Aufrechterhaltung ihrer Existenz interessiert. Dies macht sie erst zu einem Muster. Sie sind als Muster bzw. Attraktoren erst erkennbar, weil sie sich gegen die Einflüsse der Umwelt stemmen. Eine Organisation ist solch ein Muster. Aber Muster können sich in komplexen Systemen plötzlich und mitunter radikal verändern. Ein solcher Sprung von einem Attraktor in einen anderen heißt Phasenübergang. Die Synergetik beschäftigt sich damit, was solche Phasenübergänge auslöst. Dabei zeigt sich, wenn die Voraussetzungen (Ausprägung der Kontrollparameter, Art der Wechselwirkungen im System, Randbedingungen) für ein bestimmtes ordnendes Muster – den Attraktor – konstant bleiben, wird auch das Verhaltensmuster konstant bleiben. Ändern sich die Voraussetzungen, können sich auch die Ordnungszustände (Attraktoren) ändern (vgl. Abbildung 45). Grundsätzlich können viele komplexe Systeme die gesamte Landkarte möglicher Verhaltensweisen (Abbildung 1) bespielen. Das gleiche System kann sich mal trivial und einfach verhalten (z. B. als homöostatischer Regelkreis) und dann kurzfristig nur mehr stochastisch beschreibbar sein. Komplizierte periodische Muster können sich mit chaotischen Episoden abwechseln. Ein Attraktorwechsel von einer trivialen Ordnung ins Chaos ist wahrscheinlich ein gut sichtbarer dramatischer Sprung. Aber auch innerhalb einer Verhaltensklasse sind Phasenübergänge möglich. Periodische Muster haben nur gemeinsam, dass sie nach einiger Zeit von vorn beginnen, nicht jedoch, was dazwischen genau passiert. Und auch

> Chaos ist nicht gleich Chaos. So gibt es in komplexen Systemen auch Übergänge zwischen verschiedenen Arten des deterministischen Chaos, was man als chaoto-chaotische Phasenübergänge bezeichnet (Kowalik 1998). Nicht nur das Chaos selbst, sondern ganz besonders der Wechsel zwischen den Attraktoren macht komplexe Systeme komplex.

Die genannten Punkte zeigen, dass es in der Synergetik um die Entstehung von Attraktoren, aber auch um die Anregung von Attraktorwechseln (Phasenübergängen) geht. Wie im Feigenbaum-Szenario bereits sichtbar wurde (vgl. Abbildung 45), sind es die Kontrollparameter, die in Systemen einen solchen Verhaltenswechsel anregen können. An vielen Beispielsystemen wurde gezeigt, dass solche Phasenübergänge in der Regel in ähnlicher Weise ablaufen. Solange sich die Kontrollparameter nicht verändern, bleibt das System in seinem selbst gewählten stabilen Verhaltensmuster und gleicht Einflüsse aus der Umwelt selbstständig aus. Veränderungen in den relevanten Kontrollparametern führen zunächst zu einer Destabilisierung des bestehenden Attraktors. Je weiter diese Destabilisierung fortschreitet, desto intensiver wird der Wettbewerb unter den potenziellen Moden des Systems. Das System generiert in dieser Phase der Instabilität verschiedene Alternativen in Form möglicher neuer Verhaltensmuster. Gleichzeitig wird es sensitiv und durchlässig für äußere oder auch innere Verstörungen. Das Verhalten des Systems kann kurzfristig so offen für Umwelteinflüsse werden, dass es kaum mehr vom Zufall zu unterscheiden ist. Der Hang des Systems zur Selbstorganisation (Attraktorbildung) schläft jedoch nicht. Der Zeitraum der kreativen Unordnung ist in der Regel recht kurz, bevor die Dynamik vom Sog einer neuen Ordnungsbildung eingefangen wird.

Die Potenziallandschaftsdarstellung (siehe bereits oben Abbildung 7, S. 47) verändert sich im Phasenübergang auf charakteristische Weise (Abbildung 49). Da bei einem Phasenübergang das „alte" Verhalten an Stabilität verliert und das „neue" qualitativ anders ausfällt, wird das „alte" immer unwahrscheinlicher. Wo vormals ein Tal die Kugel an den tiefsten Punkt der Potenziallandschaft gefesselt hatte, entsteht nun zunehmend ein Berg, auf dem die Kugel nicht mehr dauerhaft verweilen kann. Da aber das neue Verhalten erst auf der Grundlage von Selbstorganisationsprozessen entsteht, wenn es den Bann des alten Verhaltens verlassen hat, steht das endgültige Muster des neuen Attraktors im Moment des Phasenübergangs noch nicht fest. Das weitere Verhalten des Systems kann sich an diesem Punkt ganz unterschiedlich entwickeln. Obwohl man also unter bestimmten Bedingungen eine Veränderung gezielt anregen kann, ist ungewiss, was genau dabei herauskommen wird. Die Potenziallandschaftsdarstellung in Abbildung 49 gibt einen vereinfachten Eindruck von dem, was hier mit einem Phasenübergang gemeint ist.

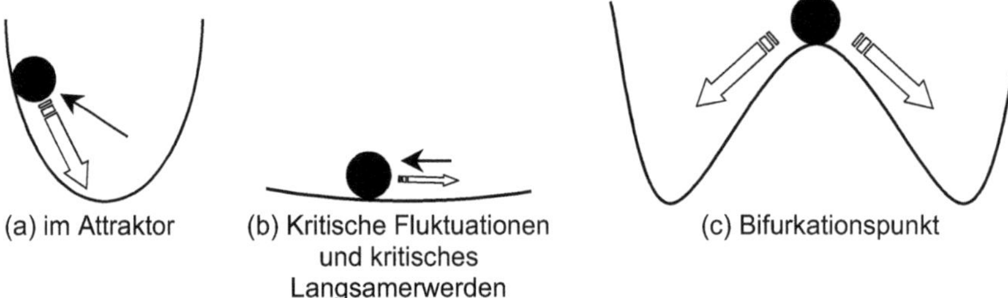

Abbildung 49: Veränderung der Potenziallandschaft beim Phasenübergang

Die Abbildung stellt in drei Schritten dar, wie sich die Potenziallandschaft bei einem Phasenübergang verändert. Die Metapher der Potenziallandschaft kennzeichnet attraktive Systemzustände als tiefe Täler und unattraktive als hohe Berge oder steile Wände. Im Attraktor (a) sind die steilen Wände und das Tal klar ausgeprägt, die Kugel, die das Systemverhalten repräsentiert, rollt nach einer Auslenkung schnell zurück in den Attraktor. Das Einzugsgebiet des Attraktors wird in der Nähe zum Bifurkationspunkt zunächst flacher (b) und geht im Bifurkationspunkt in einen Potenzialhügel (sogenannter Repellor) über (c). Insbesondere der in (b) gezeigte Verlust ordnender Strukturen wird als bedeutsam erlebt. Systeme „mögen" es nicht ohne Struktur zu sein. Sie suchen daher aktiv nach Stabilität. Dieses aktive Suchen wird als das Auftreten kritischer Fluktuationen in der Regel als Anstieg der Komplexität sichtbar (Abbildung aus: Strunk 2004, S. 170).

Einige Besonderheiten von Phasenübergängen:

- Das Schieben von Kugeln in Potenziallandschaften ist ein mühsames Unterfangen. Leichter ist hingegen die Veränderung der Potenziallandschaft durch eine gezielte Anregung oder Dämpfung des Systems.
- Anders als in der Physik sind die Kontrollparameter des bio-psycho-sozialen Systems Mensch selten offensichtlich. Für Organisationen können Geld- und Informationsfluss, Leitbilder, geteilte Ziele und das Wissen um den *Purpose* zentrale Kontrollparameter sein.
- Auch wenn Phasenübergänge bei Überschreiten bestimmter Schwellenwerte der Kontrollparameter scheinbar automatisch ablaufen, bedeutet das nicht, dass man ein System gezielt steuern kann, wenn man nur Zugang zu den Kontrollparametern hat. Im Phasenübergang fängt der Prozess der Selbstorganisation immer wieder von vorn an. Es entsteht also spontan eine neue Ordnung, deren konkrete Gestalt Überraschungen bereithält.
- Man kann also Veränderungen nur anregen, nicht aber gezielt instruieren. Das Management komplexer Systeme sollte nicht mit einer gezielten Steuerung auf der Mikroebene des Systems (Kugelschieben) verwechselt werden.

Reflexionsfragen

- Brainstorming-Prozesse sind ein gutes Beispiel für das von der Synergetik vertretene Modell der Selbstorganisation. Wie verhindern Sie beim Brainstorming das allzu schnelle Festlegen auf eine einzige Idee?
- Die Zwänge der Makroebene sind ein Top-down-Prozess, dem man nicht entkommen kann. Kennen Sie solche subtilen, aber dennoch aufgezwungenen Verhaltensmuster? Wie können Sie sich dagegen wehren? Wie müsste das soziale System gestaltet sein, damit es mehr Freiheit ermöglicht?
- Kontrollparameter regen Systeme unspezifisch an. Häufig wird ihre Rolle übersehen, da sie am Rande des Systems zu liegen scheinen. So kann Sport (Aktivität auf der körperlichen, biologischen Ebene) die Stimmung (psychisches Erleben) verbessern. Welche Kontrollparameter kennen Sie für Ihr eigenes Wohlbefinden bzw. Ihre Leistungsfähigkeit?

5.2 Management des Komplexen ist die Kunst des Stabilitätsmanagements

Was ist Management? Oben hatten wir Management grob umschrieben als Planung, Organisation und Kontrolle, also als gezielte Beeinflussung zur Erreichung der Ziele der Organisation; wobei die Planung auch die Zielsetzung einschließt. Zentral für das Selbstverständnis von Management ist dabei, wie aktiv und direkt die Rolle der Managerin oder des Managers gesehen wird. Es geht hier darum, inwieweit das Management sich als Teil des Systems versteht oder wie sehr es sich außerhalb positioniert. Management, so kann man immer wieder lesen, dient dazu, Komplexität zu reduzieren (z. B. Bliss 2000). Ein Management wäre dort gar nicht nötig, wo es keine Komplexität gäbe. Das übertriebene Komplexitätsreduktion eine Gefahr bedeuten kann, wird erst in den letzten Jahren zunehmend thematisiert. Oben heißt es dazu, dass vermutet werden kann, dass eine Organisation Probleme bekommt, wenn sie sich nicht ähnlich flexibel und komplex verhält wie ihre Umwelt. Wenn sich Märkte schnell verändern und technologische Innovationen in kurzer Zeit aufeinanderfolgen, kann es gefährlich sein, nicht ähnlich innovativ, komplex und anpassungsfähig reagieren zu können. Die Komplexität in einer Organisation sollte in etwa der Komplexität ihrer Umwelt entsprechen (Ashby 1957, S. 207 f.). Um dies zu erreichen ist es hilfreich, zunächst das Selbstverständnis des Managements als mehr oder weniger treibende Kraft einer Organisation zu hinterfragen.

Im *Scientific Management* (Taylor 1977/1913) wird die Planung (Management) klar von der Ausführung (Produktion) getrennt. Die Ausführung ist dabei so sehr reduziert, dass ihr kaum Freiheit in der Gestaltung und Selbstkontrolle ihrer Tätigkeit zukommt.

Die Selbstregulation der operativen Ebene ist eingeschränkt und Kontrollinstanzen auf der Managementebene sind dafür umso stärker ausgeprägt. Gleichzeitig ist die Struktur des Gesamtsystems im *Scientific Management* als geradliniges (lineales) Ursache-Wirkungs-Modell konzipiert. Der detailliert geplante und seriell ablaufende Prozess verringert bewusst die Zahl von Feedbackschleifen und verhindert so Komplexität. Dies gilt insbesondere für den sog. Fordismus: Das vorwärtsrückende Fließband fasst dieses Produktionsprinzip anschaulich zusammen. Flexibel und schnell anpassbar ist ein solches System nicht. Im Gegenteil: Es ist geschaffen als Bastion gegen Unordnung und überraschende Einflüsse auf das System. Henry Ford pflegte zu sagen: „Sie können den Wagen in jeder beliebigen Farbe erhalten, Hauptsache sie ist schwarz" (Ford & Crowther 1922, S. 72). Betrachtet man eine solche Organisationsstruktur aus einer systemtheoretischen Perspektive, dann kann man Planung, Organisation, Ausführung (operatives Geschehen) und Kontrolle als einen einzigen großen Regelkreis ansehen. Diese übersichtliche Systemanordnung ist das Ziel des Unterfangens, welches so Komplexität mit vermeintlich wissenschaftlicher Methodik reduziert. Aber durch die Trennung des operativen Geschehens auf der einen Seite vom Management auf der anderen kommt es zu Prozessverlusten und durch gegenseitiges Unverständnis zu Qualitätsproblemen. Die Arbeitskämpfe, die in Fords Fabriken als Reaktion auf die Einführung des Fließbandes ausbrachen, demonstrieren eine weitere Schwäche dieser Managementmethodik: Menschen wollen als Menschen und nicht als Roboter behandelt werden. Und Menschen sind komplexe Systeme (Strunk & Schiepek 2006, 2013). Das *Scientific Management* und der Fordismus ignorieren diese Komplexität und gestehen Selbstregulationsfähigkeiten allein dem Management zu. Die Komplexitätsreduktion wird also teuer erkauft. Wenn es aber das Ziel ist, ein wenig komplexes Managementsystem zu implementieren, dann bieten das *Scientific Management* und der Fordismus dafür zahlreiche Rezepte. Ob eine solche Organisationsform erfolgreich ist, hängt von der Organisationsumwelt ab. Wird von der Umwelt ein flexibles und schnelles Reagieren gefordert, ist die Umwelt also komplexer als die Organisation, dann kommt dieser Ansatz schnell an seine Grenzen. Dies dürfte zum Beispiel bei umkämpften Märkten, unberechenbaren legistischen Rahmenbedingungen oder beim Einfluss hochinnovativer Technologien der Fall sein.

Flexibler ist ein Ansatz, der ein Managementverständnis vertritt, welches die Selbstregulationsfähigkeiten von Systemen nicht so stark einschränkt. Dies ist z. B. im kybernetischen Management der Fall: Hier kann man Management als die Implementierung vieler kleiner Regelkreise verstehen (vgl. Beer 1966, S. 286 f.). Die einzelnen Regelkreise (z. B. Teams) könnten sich selbst kontrollieren und selbst optimieren. Ein solches kybernetisches Management stellt die Regler auf die Zielgrößen ein und organisiert die einzelnen Teilsysteme als Regelkreise, die auf die Zielgröße ausgerichtet sind.

Management als kybernetisches Handeln macht einen Unterschied zwischen der Konstruktion des Regelkreises auf der einen Seite und der Selbstorganisation des dann bestehenden homöostatischen Systems auf der anderen. Die Konstruktion des Regelkreises als Aufgabe des Managements ist getrennt zu sehen vom Verhalten innerhalb des Regelkreises. Während im Taylorismus und Fordismus das Management jedes Ausführungsdetail akribisch vorgibt und jeden kleinen Handgriff in die Logik der zu bedienenden Maschine einbaut und die korrekte Durchführung selbst kontrolliert, gibt das Management aus Sicht der Kybernetik nicht mehr die Details der Ausführung vor, wohl aber Ziele und Kontrollmechanismen (negatives Feedback). Aber hier wie dort ist das Management deutlich herausgehoben aus dem operativen Teilsystem der Organisation. Es kann also in beiden Managementansätzen zu ähnlichen Problemen kommen. Mit Komplexität kann eine kybernetische Organisationsform dennoch besser umgehen. Autonome Teilsysteme müssen nicht mehr auf den Umbau des Gesamtsystems warten, um sich zu optimieren. Dennoch muss der Aufbau von Regelkreissystemen gut geplant sein. Die Anpassungsfähigkeit des Systems ist hoch, solange die implementierten Regelkreise grundsätzlich geeignet sind, die Organisationsziele zu gewährleisten. Müssen die Ziel- und Steuerungssysteme nicht infrage gestellt werden, dann ist ein solches kybernetisches Management flexibler als das *Scientific Management*. In Krisenzeiten gelten aber schnell andere Spielregeln. Die alten Regelkreise halten die Organisation nicht mehr auf Kurs und andere, neue Regelkreise müssen unter Zeitdruck implementiert werden. In der Literatur der Lernenden Organisation wird dieser Wechsel von einem Regelkreis zum nächsten zum zentralen Thema (Argyris 1977, Argyris & Schön 1978).

Man könnte den Unterschied zwischen dem klassischen *Scientific Management* und dem kybernetischen Management auch zusammenfassen als eine Verlagerung von Steuerungsprozessen von der Hierarchie auf die Ebene, in der die Steuerung gebraucht wird. Kommt es im *Scientific Management* zu einem Problem, so wird dieses ausnahmslos über die Hierarchie gelöst. Es wird zunächst nach oben kommuniziert und das Management muss eine Lösung finden, die sie dann nach unten zurückgibt. Im kybernetischen Management werden viele Regulationsaufgaben nicht nach oben gegeben, sondern zur Seite, d. h. sie werden auf der gleichen Ebene bearbeitet. Die jeweilige Ebene ist selbst auf die Lösung ihrer Probleme ausgerichtet (Beer 1966, S. 286 f.). Für die Hierarchie bleiben dann die Probleme zu bearbeiten, die einen grundlegenden Umbau der Regelmechanismen bedeuten würden (Argyris 1977, Argyris & Schön 1978). Dieses Lernen in der Hierarchie – also der Umbau von Regelkreisen – ist viel schwerer zu verstehen und viel schwerer zu gestalten. Denn genau besehen fehlt der klassischen Kybernetik dafür das theoretische und methodische Handwerkszeug. Sie kann beschreiben, wie ein bereits gegebener Regelkreis funktioniert. Sie kann als Ingenieurwissenschaft auch angeben, wie man Regelkreise technisch konstruiert, aber sie hat wenig Verständnis dafür, wie Systeme sich selbst organisieren und selbsttätig (also ohne von außen eingreifende Planung) auf die Suche nach neuen Verhaltensmustern machen, um sich immer wieder neu an sich verändernde Gegebenheit anzupassen. Ein solches Verständnis bieten Selbstorganisationstheorien wie die Synergetik. Die Synergetik ist damit so etwas wie die Kybernetik der Kybernetik und damit deren Weiterentwicklung und Erweiterung.

Noch einmal leistungsfähiger im Umgang mit Komplexität, als es ein kybernetisches Management sein kann, ist daher eine Grundhaltung, in der das Management akzeptiert, nicht das einzige gestaltende Prinzip, sondern Teilelement einer Organisation zu sein. Das Management gestaltet, wird aber auf der anderen Seite selbst gestaltet. So besehen kann auch das Management einer Organisation nicht frei schalten und walten und beliebig neue Ziele und Arbeitsprozesse festlegen. Das Management – ob es das will oder nicht – ist immer auch Teil des Systems. Die Synergetik beschreibt Organisationen als Strukturen, die ihre Ordner selbststätig und emergent hervorbringen. Das Management wird also erst durch die organisationsinternen Prozesse auf eine Position gehoben, auf der es ordnungsbildend tätig werden kann. Welche Personen mit welchen Verhaltensmustern mit Managementaufgaben betraut werden, wie lange sie auf ihren Positionen verweilen können und wie gut ihre Ordnungsbildungsbemühungen von der Belegschaft aufgenommen werden, bestimmt das System und können Managerinnen und Manager nicht „anordnen". Das *Scientific Management* würde dieser Ansicht deutlich widersprechen und auch ein kybernetisches Management würde hier wahrscheinlich nicht unumwunden zustimmen. Dennoch – so würde die Synergetik antworten – ist es die realistischere Perspektive: Auch absolutistische Monarchien können untergehen, nicht jeder überlegene Plan wird umgesetzt.

Ein Management des Komplexen würde also zunächst einmal anerkennen, selbst Teil des Systems zu sein. Damit kommt ihm zwar nach wie vor eine herausgehobene Rolle zu, aber diese ist das Ergebnis des Wechselspiels aller Systemelemente und daher mehr ein momentanes Fließgleichgewicht als eine absolute und zeitlose Gegebenheit. Daher wird ein Management des Komplexen versuchen, weniger nach den Prinzipien des klassischen *Scientific Managements* zu handeln. Das Ursache-Wirkungs-Denken des Taylorismus und des Fordismus implementiert Management als absolutistischen Anfangspunkt, also als Ursache, die eine genau kalkulierte Wirkung erreicht, wenn sie es nur richtig anstellt. Akzeptiert man jedoch Kreiskausalität und Feedbackprozesse in Systemen, dann wird man nicht mehr einseitig mit einem Ursache-Wirkungs-Denken argumentieren können. An die Stelle von Anweisungen und Kontrolle treten Organisationsformen, die Selbstorganisationsprozesse in den Teilsystemen der Organisation fördern. Der allein auf die Homöostase beschränkte Regelkreis wird, wo das möglich ist, aufgegeben zugunsten eines ergebnisoffeneren Systems, welches selbstorganisierte Strukturen hervorzubringen in der Lage ist, die der Komplexität der Außenwelt nicht Starrheit und Sturköpfigkeit entgegenhalten, sondern selbstorganisierte Anpassungsfähigkeit. Eine selbstorganisierte Anpassungsfähigkeit meint das Beibehalten der eigenen Identität und Autonomie (Selbstorganisation ist ja eben keine Fremdorganisation) bei gleichzeitiger Entwicklung neuer Verhaltensmuster. Denn komplexe Systeme können eigenständig durch den Prozess des Phasenübergangs neue Verhaltensweisen hervorbringen. Klassische Regelkreise bleiben auf die Homöostase beschränkt. Sie können sich nicht grundlegend verändern und bleiben damit träge im Umgang mit plötzlich auftretenden größeren Veränderungen.

Ein zentrales Element eines Managements des Komplexen ist daher das Stabilitätsmanagement. Dieses fragt danach, wie gut ein aktuelles Verhalten zur Umwelt passt, ob das Verhalten des Systems nachhaltiger stabilisiert werden sollte oder ob ein Phasenübergang zu initiieren ist. Zentral scheint hier die Unterscheidung zwischen dem Management im ruhigen Fahrwasser der gut eingespielten Attraktoren auf der einen Seite und dem Change-Management als Antwort auf größere Probleme auf der anderen zu sein. Dabei sollte nicht vergessen werden, dass das Management als Teil des Systems auch Teil des Attraktors ist und daher häufig erst spät merkt, dass das vermeintliche Wohlfühlklima im gewohnten Attraktor ein Problem aufrechterhält und keine Lösung ermöglicht. „Die ‚Lösungen' von gestern sind die Probleme von heute" heißt es etwa bei Senge (1996, S. 73) und diejenigen, die die Lösungen von gestern ersonnen haben, sind immer noch Teil des Systems, also daran interessiert die Lösungen auch weiterhin als Lösungen anzusehen.

Management erfordert also ein Problembewusstsein und die Fähigkeit, über den eigenen Schatten zu springen. Eine externe Beratung kann hier zudem helfen, neue Einsichten zu entwickeln, wenn diese Beratung anerkennt, es mit einem autonomen selbstorganisierten System zu tun zu haben und nicht versucht, die Kugel im Potenzialtal des Attraktors einfach in die gewünschte Richtung zu schieben. Denn in selbstorganisierten Systemen ist Kugelschieben kontraproduktiv. Ein Attraktor lässt sich nicht verändern, indem man das System an die Hand nimmt und nach seinen Wünschen umgestaltet (das wäre klassisches Ursache-Wirkungs-Denken). Systeme entwickeln einen enormen Widerstand, wenn man versucht, sie mit der Brechstange zu verändern. Die Kugel rollt unweigerlich ins gleiche Tal zurück. Kugelschieben hilft vielleicht in ruhigen Zeiten, um mal hier und mal dort leichte Korrekturen anzuregen. In Krisenzeiten helfen hingegen Interventionen, die an den Kontrollparametern ansetzen und eine Umgestaltung der Potenziallandschaft anregen. Ein Management des Komplexen regt durch Kontrollparameteränderungen die „Landschaftsgestaltung" an und übt sich in Geduld, denn es dauert, bis das System in Bewegung kommt und sich anpasst.

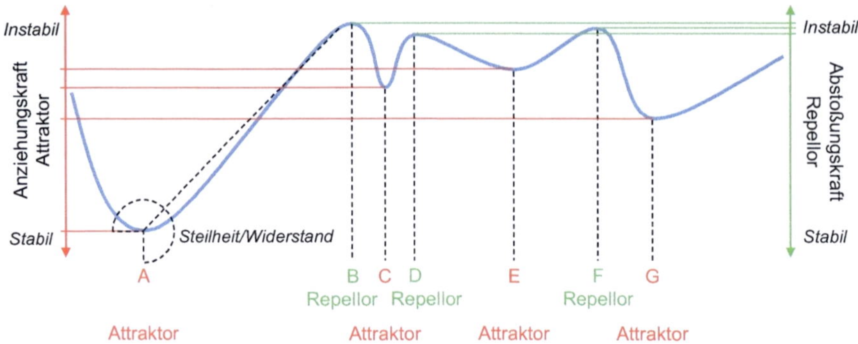

Abbildung 50: Tiefe und Steilheit als Maße der Auslenkbarkeit in Potenziallandschaften

Die Tiefe eines Attraktors (A, C, E und G) bestimmt seine Stabilität und die Steilheit des Potenzialtals kann als Widerstand gegen Veränderungen interpretiert werden. Neben den Attraktoren sind in der Abbildung auch die sogenannten Repelloren, d. h. die Instabilitätspunkte hervorgehoben. Die Wahrscheinlichkeit ist hoch, dass sich ein System im stabilsten und/oder steilsten Tal aufhält. Die Landschaft verändert ihre Gestalt je nach Einfluss von Kontrollparametern und/oder Veränderungen der Rand- und Rahmenbedingungen des Systems. Ob ein Verhaltensmuster (Attraktor) als problematisch oder als problemlösend erlebt wird, ist aus der Potenziallandschaft nicht ablesbar.

Der Schlüssel zum Management des Komplexen liegt im Stabilitätsmanagement. Zentrale Fragen sind die nach der Stabilität bzw. Instabilität des aktuellen Systemverhaltens und der Bewertung dieser Stabilität bzw. Instabilität in Bezug auf die Ziele der Organisation und dadurch begründet gegebenenfalls das Schaffen von Stabilität oder die Anregung von Veränderung (Phasenübergängen). Zentral für das Verständnis der Prinzipien des Stabilitätsmanagements ist die Metapher der Potenziallandschaft. Verschiedene Aspekte des Managements in Relation zum Verhalten des Systems, in welches das Management eingebunden ist, werden dabei in einem Bild zusammengefasst:

1. *Die Tiefe der Täler und die Steilheit der Hänge geben einen Eindruck von der Stabilität eines Problems oder einer Lösung.* Eine Potenziallandschaftsdarstellung mit Tälern und Bergen zeigt, wo sich das System gern aufhält und wo es nur kurzzeitig verweilt, weil es unweigerlich an den tiefsten Punkt zurückrollt. Wenn es sich zeitweilig in einer kleinen Mulde aufhält, ist es daraus bereits durch kleine Verstörungen wieder auslenkbar, wohingegen es aus tiefen Tälern nur schwer wieder herauskommt. In diesem Sinne ist eine Po-

tenziallandschaft eine griffige Metapher für die Stabilität von Krisen und Problemen, aber auch von Lösungen (Abbildung 49). Die Metapher lässt sich weiterspinnen, wenn man bedenkt, dass die Kugel durch ihr Gewicht und ihre Bahnen die jeweilige Landschaft auch mitformt. Sisyphos, der den Felsblock den Berg hinaufschiebt, wird bei jedem Herunterrollen vor einer noch schwereren Aufgabe stehen: Die Berghänge werden abgeschliffen und glattpoliert durch das ewige Auf und Ab, und das Tal wird immer tiefer in den Fels gegraben. Das Systemverhalten hat einen Einfluss auf die Gestalt der Landschaft – beide bedingen sich gegenseitig, etwa so wie bei einem Gebirgsbach: Der Bach läuft dort, wo es das Bachbett vorsieht, aber durch Strömung und Strudel verändert das Wasser dieses Bachbett. So können sich durch den Wasserfluss (Systemverhalten) ganze Flussläufe (Landschaften) verändern.

In jeder Organisation gibt es Dinge, die in Stein gemeißelt scheinen und die zum kollektiv geteilten Wesenskern – quasi zur DNA – der Organisation gezählt werden. Das Potenzialtal ist hier tief und die Hänge ins Tal sind steil. Das ist gut so, wenn die Organisation mit diesem Muster ihre Ziele erreicht, aber ganz besonders schwer zu ändern, wenn die Zeiten sich grundlegend geändert haben. Andere Verhaltensmuster sind weniger stabil und können viel leichter verändert werden. Wichtig für ein Stabilitätsmanagement ist es zu prüfen, was in Organisationen, in Arbeitsgruppen oder Teams stabil und was flexibel ist.

2. *Auch wenn es so erscheinen mag: Potenziallandschaften sind nicht in Stein gemeißelt.* An einer vielleicht wesentlichen Stelle hinkt die Metapher von Bergen, Tälern und Flussbetten: Potenziallandschaften stellen die Stabilität von Attraktoren anschaulich dar, aber die Vertiefungen und Erhöhungen existieren nicht unabhängig vom System, dessen Verhaltensmöglichkeiten sie beschreiben. Sie sind nicht aus Stein gemeißelt, sondern gehen aus dem System erst hervor und können sich daher auch verändern. Auf dieser Möglichkeit zur selbstorganisierten Landschaftsgestaltung beruhen die folgenden Überlegungen.

3. *Problematische Täler können sich vertiefen, wenn man einseitig auf das achtet, was schlecht läuft.* Täler und Berge sind Kartierungen der Attraktoren und Repelloren (unattraktive Abstoßungspunkte) eines Systems. Sie sind Kartierungen der Bevorzugung von Aufenthaltsorten. Die Landschaften – mit anderen Worten: die Stabilitätseigenschaften eines Systems – transformieren sich, wenn sich relevante Kontrollparameter des Systems verändern. Wo es um die Bewältigung einer Krise geht, sind (intrinsische) Motive, also z. B.

die Angst vor Veränderung, der Wunsch, sich neu zu beweisen etc. relevante Anregungsbedingungen. Die Tiefe eines Tals und die Steilheit der Wände sind Ausdruck von dessen Stabilität, was dem Erleben von Beschwernis entspricht, dem Attraktor zu entkommen. Entsprechend hilflos oder hoffnungslos können sich Menschen angesichts von Problemen fühlen. Management und Managementberatung hat in Krisenzeiten das Ziel, dem Sog der Demoralisierung entgegenzuwirken. In den sogenannten lösungsorientierten Beratungsansätzen wird in diesem Zusammenhang der Unterschied zwischen *problem talk* (auf Probleme, deren Vorgeschichte und gescheiterte Lösungsversuche orientierte Gesprächsführung) und *solution talk* (auf Veränderung und Ressourcen orientierte Gesprächsführung) betont (de Shazer 1989, 1992, von Schlippe & Schweitzer 1996). Um den Unterschied zu demonstrieren, fordere ich in Seminaren gern zu einem Rollenspiel auf. Ich selbst bringe ein Problem vor und die am Seminar Teilnehmenden dürfen per Zuruf beliebige Fragen stellen oder Interventionen vorschlagen. Fast immer wird das Problem ausführlich erkundet und ich werde als Klient dazu aufgefordert, mehr über das Problem und seine Hintergründe zu berichten. Diese Berichte provozieren neue Nachfragen. Die Problemgeschichte wird ausführlich exploriert und nach und nach wird klar, dass das Problem dramatisch ist und als erdrückend erlebt wird. Das ist bei Problemen so. Auch ist es üblich, dass Klientinnen und Klienten sich mit ihren Problemen gut auskennen und über fehlgeschlagene Bewältigungsversuche breitwillig Auskunft geben können. Es dauert nicht lange und alle Beteiligten haben sich so in die Dramatik des Problems verbissen, dass niemand mehr einen Ausweg sieht. *Problem talk* – so notwendig er auch manchmal ist – entwickelt einen Sog in die Tiefe. Der Problem-Attraktor wird aktiviert und mit seiner ganzen Bedrohlichkeit sichtbar. Es ist daher verständlich, dass in der Tiefe des Potenzialtals kaum hoffnungsvolle Ideen für Lösungen entwickelt werden können.

4. *Das Tal kann sich verflachen, wenn man Erfolgen nachgeht.* Als Alternative zum *problem talk* könnte man zu einem *solution talk* einladen. Klientinnen und Klienten werden in der Beratung angeregt, über Ausnahmen vom Problem nachzudenken. Einen schönen Einstieg in eine lösungsfokussierte Perspektive bieten etwa die folgenden Fragen: „Wann in den letzten Wochen hatten Sie das Gefühl, dass es besser läuft? Wie war das? Wann war das? Wem ist es woran aufgefallen? Was müssten Sie tun, damit das wieder geschieht?" Auch das Verfassen einer Liste mit all den Punkten, die man *nicht* verändern möchte, soll schon so manche Organisation vor der Zerschlagung bewahrt haben (von Schlippe 2014). Das Erleben und Erinnern von positiven

Erfahrungen ermöglicht den Zugang zum Kontrollparameter „Mut und Zuversicht", der das Problemtal ein wenig verflachen oder gar umstülpen kann (Abbildung 51).

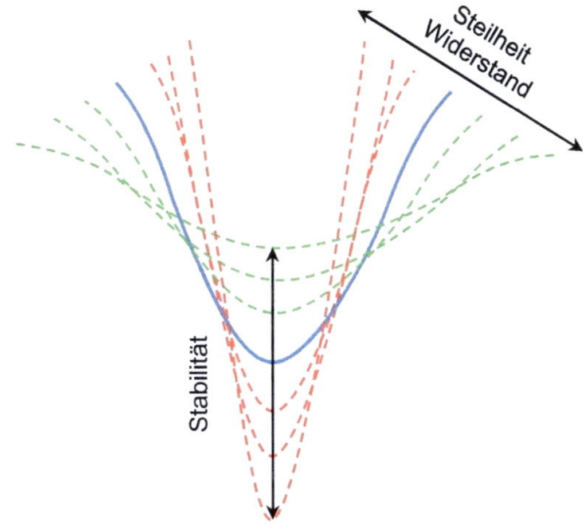

Abbildung 51: Transformation einer Potenziallandschaft durch Veränderung der Kontrollparameter
Unter dem Einfluss von Kontrollparametern transformiert sich die Potenziallandschaft. Im Umfeld von Problemattraktoren ist die erlebte Hilflosigkeit bzw. Selbstwirksamkeit wahrscheinlich ein wichtiger Kontrollparameter, der die Steilheit und Tiefe des Problemattraktors beeinflussen kann. Veränderungen der Systemstabilität verraten ob ein Phasenübergang bevorsteht oder das System sich stabilisiert. Management bedeutet diese Veränderungen sensibel wahrzunehmen und zielgerichtet anzuregen.

5. *Es ist fast unmöglich, durch das Verhalten des Managements nichts an der Landschaft zu verändern.* Die beiden vorangegangenen Aspekte lassen an ein Axiom von Watzlawick denken, der darauf verweist, dass man unmöglich nicht kommunizieren kann (Watzlawick et al. 1969). Genauso ist es fast unmöglich, nichts an den Kontrollparametern eines Systems zu ändern. Fast immer werden Aspekte von Zuversicht, Mut und Handlungsspielräumen – ob nun gewollt oder ungewollt – in der Kommunikation prozessiert. So gerät die Potenziallandschaft ganz automatisch in Bewegung. Indem es gelingt, einen Blick für die Veränderungsrichtung zu entwickeln, kann man dies im Management gezielt nutzen. Das leitet über zur Möglichkeit der Intervention in solchen Systemen.

6. *Zwei Wege aus einem Problemmuster: Kugelschieben vs. Veränderung der Potenziallandschaft.* Die Metapher der in ein Tal hinabrollenden Kugel illustriert eine naheliegende und eine abwegige Möglichkeit, dem Tal zu entkommen. Die naheliegende bestünde wohl darin, die Kugel mit Kraft und Ausdauer aus dem Tal herauszurollen. Tatsächlich bieten Managementratgeber aus der Beraterecke von Buchhandlungen konkrete, rezeptartige Lösungsvorschläge an. Und diese werden gern gekauft. Einfache Lösungen verkaufen sich immer, besonders dann, wenn sie schnelle Erfolge versprechen. Viele ernsthafte Beratungsansätze halten sich jedoch mit direktiven Maßnahmen zurück. Ein „direktives" Schieben der Kugel gilt als unzulässiger Eingriff in die Autonomie der zu beratenden Organisationen und Personen. Stattdessen wird eine Stärkung der vielgerühmten „Hilfe zur Selbsthilfe" empfohlen. Aber auch der Versuch, die Klientinnen und Klienten im Kugelschieben zu trainieren, macht keinen grundsätzlichen Unterschied im Umgang mit Problemen. Wenn hier von zwei grundsätzlich unterschiedlichen Lösungen die Rede ist, geht es vielmehr um den Unterschied zwischen der Manipulation der Kugel und der Veränderung der Landschaft, in der sie sich bewegt. Managerinnen und Manager haben mitunter rezeptartige Ratschläge verinnerlicht (gehörte oder selbst entwickelte), von denen sie überzeugt sind, dass sie helfen würden, wenn sie nur die Kraft aufbrächten, sich langfristig gegen das System zu stemmen. Begriffe wie Widerstand, Unwillen, Beratungsresistenz, Leidensdruck etc. passen in die Metapher der „schweren" Kugel, die für eine Lösung über den Berg gerollt werden muss.

   Die Systemtheorie zeigt aber noch einen anderen, weniger intuitiven Weg. Durch Veränderungen der Kontrollparameter und/oder der Rand- und Rahmenbedingungen des Systems kann sich die Potenziallandschaft verändern und die Kugel rollt von allein und völlig freiwillig in ein anderes – hoffentlich weniger krisenhaftes – Tal. Die Veränderung der Rand- und Rahmenbedingungen bzw. der Kontrollparameter ist weniger einsichtig als das Verschieben der Kugel, scheint man doch zunächst gar nicht am Problem – der falsch platzierten Kugel – anzusetzen. In der Beratung oder einem Coaching erscheint den Klientinnen oder Klienten der Bezug zwischen einer Intervention und dem Beratungsziel dann etwas unklar, da sie es nicht gewöhnt sind, die Rahmenbedingungen ihres Verhaltens zu hinterfragen. Die Rand- und Rahmenbedingungen oder die Kontrollparameter finden sich selten im Fokus der Aufmerksamkeit. Sie werden als Nebenschauplätze empfunden. Körperliche Bewegung als Mittel gegen Burn-out ist nicht immer das, was gefährdete Managerinnen und Manager erwarten, kann aber nichtsdestotrotz helfen, weil es den Energieumsatz im bio-psycho-sozialen System verändert, also ein Beispiel für einen Kontrollparameter darstellt. Die Kontrollparameter sowie die Rand- und Rahmenbedingungen eines Systems sind eben nicht Kugeln in Tälern, sondern scheinbar unbeteiligte Schleusen für veränderte Motivationslagen. Es ist nicht leicht, diese sensiblen Druckpunkte des Systems zu finden. Das erfordert Erfahrung, Kreativität und die Fähigkeit, sich mit anderen Ansichten überraschen zu lassen. Eine freundliche „Du-Kultur“ oder ein nettes Lächeln beim Gang über den Flur können ein kollegiales Klima im Unternehmen schaffen, in dem Probleme, die ganz woanders eine Ursache haben, konstruktiv gelöst werden können. Oben wurde bereits über die Rolle der Energie in Systemen gesprochen. Kontrollparameter sind in erster Linie die Energien, die ein System antreiben. In Organisationen sind das häufig Motivationslagen, Informationsfluss, Liquidität. Sicher kann man nicht sein, sondern muss im konkreten Fall experimentell schauen, ob sich die Stabilität eines Verhaltensmusters verändert, wenn man z. B. versucht, den Informationsfluss zu beeinflussen. Festzustellen bleibt, dass Systeme über die Fähigkeit verfügen, bei Kontrollparameteränderungen selbstorganisiert ganz und gar andere Verhaltensweisen spontan und aus sich selbst heraus auszubilden (Abbildung 51). Diese Kräfte gilt es zu stärken und die Kugel rollt von selbst. Doch wohin?

7. *Was ist, wenn kein neues Muster auftaucht?* Die Metapher der Potenziallandschaft hilft zu verstehen, warum es wichtig sein kann, ausführlich über Ziele zu sprechen. Die Frage danach, was anders wäre, wenn die Krise überstanden wäre, ist zentral für die Etablierung von Attraktoren jenseits des aktuellen Problems. Der Raucher, der aufhören möchte, weil die Sucht ins Geld geht, benötigt erst noch ein Potenzialtal, das die Kugel von selbst in der rauchfreien Zone hält. Was könnte der spürbare Gewinn der weggelassenen Zigarette sein? Was wird dadurch erst (wieder) möglich? Das konkrete Ausmalen der angestrebten Zukunft, einer neuen Vision, ist eine energetisierende Übung, die dafür sorgt, dass Potenzialtäler dort entstehen, wo man die Kugel gern hätte. Auch die Entwicklung des Gefühls dafür, dass so ein Tal überhaupt existiert, ist wichtig – ebenso wie zu erspüren, ob man sich nicht schon in diesem besseren Muster befindet. Wenn man lange Zeit mit dem Rücken zur Wand auf Probleme fixiert ist, muss man das Positive erst wieder zu erkennen lernen. Der Besuch einer Potenzialmulde kann diese verstärken, wenn man das Positive des neuen Musters entsprechend wahrnimmt. Man kann nie sagen, welche Vielfalt an Möglichkeiten ein System insgesamt bereithält. Es hilft, wenn man sich darauf konzentriert, wohin die Reise gehen soll, sobald man der Kugel etwas mehr Freiraum lässt.

8. *Gute Managerinnen und Manager merken, wie sich die Landschaft verändert.* Das Gespür für Stabilität und Wandel ist lernbar und lehrbar und kann technisch unterstützt werden. Meine Sympathie gehört der Veränderung von Potenziallandschaften. Das soll nicht bedeuten, dass Kugelschieben grundsätzlich schlecht wäre. Aber das selbstorganisierte Rollen der Kugel in einen neuen Zustand erscheint mir freier, selbstbestimmter und daher erstrebenswerter. Für den adäquaten Umgang mit solchen Selbstorganisationsprozessen ist es hilfreich, ein Gespür für die Stabilität der Systeme zu entwickeln. Zum einen geht man mit starr im Tal gefangenen Systemzuständen anders um als mit frei flottierenden, bei denen die Kugel beständig zwischen kaum haltgebenden Zuständen wechselt. Zum anderen kann man die sensiblen Rand- und Rahmenbedingungen sowie die Kontrollparameter eines Systems nur finden, indem man etwas ausprobiert und dabei beobachtet, wie sich die Stabilität des Systems verändert. Die Leitlinie des Managementverhaltens beim Weg aus dem Problem heraus ist auf die Verflachung der Potenziallandschaft ausgerichtet. Potenzialmulden mit Lösungspotenzial gilt es hingegen zu stabilisieren. Für beides kann man ein Gefühl entwickeln. Das System reagiert anders auf Interventionen, wenn sich seine Stabilität verändert (Strunk 2006b). Kommt es gar zum Phasenübergang, also z. B. zur Ablösung eines als krisenhaft erlebten Attraktors durch einen passenderen, dann bereiten kritische Fluktuationen diesen Übergang vor und kündigen ihn an. Nun kann eine Intervention besonders hilfreich sein, denn jetzt ist das System sensibel und offen für minimale Einflüsse. Statistische Methoden der Signalanalyse komplexer Systeme (Real-Time Monitoring durch Verfahren des Prozessfeedbacks) können eingesetzt werden, um diese sensiblen Zeitpunkte etwa in Organisationen oder dem Wirtschaftsgeschehen zu identifizieren (Strunk 2019). Siehe dazu auch noch einmal Abbildung 34 (S. 112).

9. *In der Antike wusste man von der Bedeutung des Kairos, des richtigen Zeitpunkts einer Intervention.* Die Metapher der Potenziallandschaft verleitet dazu, die Landschaft als gegeben zu akzeptieren und nur den Lauf der Kugel direkt zu beeinflussen. Dass eine Modifikation der Landschaft mindestens ebenso hilfreich sein kann, wurde nun schon mehrfach betont. Dennoch traut man intuitiv der Kugel mehr Dynamik zu als der Landschaft. Dass sich diese auch verändern kann, widerspricht doch sehr der Alltagserfahrung – etwa einer Wanderung in den Bergen. Hinzu kommt das Problem, dass man in komplexen Systemen nie sicher sein kann, die „richtigen" oder „relevanten" Kontrollparameter identifiziert und beeinflusst zu haben. Aber selbst wenn man die sensiblen Druckpunkte des Systems gefunden und sogar beeinflusst hat,

kann eine Wirkung ausbleiben oder aber verzögert und dann ganz plötzlich einsetzen. Haken und Wunderlin (1991) haben darauf hingewiesen, dass man Kontrollparameter über einen relativ weiten Wertebereich hinweg verändern kann, ohne dass etwas geschieht. Wird dann aber eine Schwelle überschritten, kommt es zu einer überraschenden Wendung. Plötzlich auftretende Veränderungen und nur kurzfristig für direkte Interventionen geöffnete Zeitfenster sind die Folge. Die Ausnutzung des günstigen Zeitpunkts wurde in der antiken Medizin als *Kairos* bezeichnet. Das Achten auf die rechten Augenblicke ist eine zentrale Botschaft der systemischen Betrachtung von Managementprozessen. Es handelt sich dabei um eine Prozessbetrachtung der zweiten Ebene. Während es auf der ersten Ebene um die Bewegung und Dynamik der Kugel geht, ist die zweite Ebene auf die Dynamik der Landschaft gerichtet. Die erste Ebene ist vergleichsweise gut erschließbar und anschaulich in einer Potenziallandschaft darstellbar. Die zweite Ebene ist mittels einer statischen Abbildung der Landschaft weniger gut zu erkennen. Die Beeinflussung geschieht über verborgene Druckpunkte. Man weiß nicht, wie viel man drücken muss und dann kann alles sehr schnell gehen. Trotz aller hier beschriebenen Unsicherheiten ist es weitaus wahrscheinlicher, dass Interventionen auf der zweiten Ebene umfassendere und dauerhaftere Veränderungen bewirken, die nicht auf der permanenten Anstrengung beruhen, eine Kugel stützen und aktiv führen zu müssen.

10. *In der Managementliteratur ist die Unterscheidung zwischen mehreren Ebenen des Lernens nicht neu.* Die Unterscheidung zwischen dem Anpassungsverhalten eines Systems im Attraktor (Anpassung auf der ersten Ebene) und der Veränderung der Potenziallandschaft selbst (Anpassung auf der zweiten Ebene) wurde vor einem ganz anderen Hintergrund von Argyris und Schön (Argyris 1977, Argyris & Schön 1978) mit den Begriffen *single loop learning* (Anpassung innerhalb des Attraktors) und *double loop learning* (Anpassung als Phasenübergang) bezeichnet. Die Autoren führen aus, dass eine Organisation im *double loop learning* zentrale Annahmen über das Funktionieren der Welt hinterfragt, wohingegen sie beim *single loop learning* diese Annahmen ganz einfach benutzt. Dies scheint eine hilfreiche qualitative Beschreibung dafür zu sein, worum es hier geht: Systeme bilden durch Selbstorganisationsprozesse fast automatisch Attraktoren aus. Diese resultieren aus einem Wettbewerb möglicher Verhaltensalternativen, von denen sich eines als makroskopisches Muster stabilisiert und das gesamte System in seinen Bann zieht. Das ist auch gut so, sichert es doch die Integrität eines Systems gegenüber der Umwelt. Problematisch wird es, wenn das System dabei seine Anpassungsfähigkeit

einbüßt und bei Veränderungen der Umwelt auf einem nicht mehr adäquaten Verhalten beharrt. In der Formulierung von Argyris und Schön bedarf es dann eines Lernens zweiter Ordnung. In der Sprache der Synergetik würde dies als Anregung zu einem Phasenübergang interpretiert werden.

Ganz ähnlich hat auch Jean Piaget (1896–1980) den Unterschied zwischen *Assimilation* und *Akkommodation* einer Schemastruktur beschrieben (Piaget 1976). Diese aus der Entwicklungspsychologie stammende Konzeption beschäftigt sich mit den Veränderungen von Denk- und Wahrnehmungsschemata im Verlauf der Kindheit. Ein solches *Schema* ist die grundlegende Organisationseinheit des Wahrnehmens, emotionalen Erlebens, Denkens und Verhaltens. Metaphorisch kann man ein solches Schema auch als Attraktor bezeichnen (vgl. Strunk & Schiepek, 2006). Die Nutzung und Veränderung von Schemata geschieht durch zwei einander ergänzende und gegenseitig bedingende Prozesse: Zum einen werden Schemata erst in der Auseinandersetzung eines Individuums mit seiner Umwelt generiert. Zum anderen liegen sie der Auseinandersetzung des Individuums mit seiner Umwelt auch zugrunde, indem sie dessen Verhalten, Wahrnehmung und Erleben leiten. Die Bedeutung von Schemata im Prozess der Selbstwahrnehmung und der Wahrnehmung der Umwelt ist damit gekennzeichnet durch die zirkuläre Kausalität von Wahrnehmungs-Handlungs-Zyklen, wie sie von Neisser (1979) für den Vorgang der visuellen Wahrnehmung beschrieben wurden (Abbildung 52).

Ein Schema leitet die Erfahrungen eines Individuums, aber auch einer ganzen Organisation, indem es Erwartungen generiert sowie Handlungsmöglichkeiten und Bewertungen von Ereignissen nahelegt. Man könnte es auch so formulieren: Menschen und auch Organisationen erzeugen ihre eigene *Bubble*, also einen Wahrnehmungsraum in dem sie sich ihre Einschätzungen durch die eigenen Handlungen beständig selbst bestätigen. Anderseits können die so angeleiteten und von der „Logik" der Schemata beeinflussten Erfahrungen zu einer Überarbeitung der Schemata führen. Dem Prozess der ständig mitlaufenden Aktualisierung der Eigensicht und Weltsicht steht das Beharrungsvermögen von Schemata gegenüber. Indem Schemata die Wahrnehmung organisieren, erzwingen sie zumindest tendenziell eine Wahrnehmung, die mit den beteiligten Schemata im Einklang steht. Dieses Beharrungsvermögen (Stabilitätstendenz) ist für Attraktoren ebenso wie für Schemata typisch. In diesem Sinne bemühen sich eine Organisation und die in ihr tätigen Managerinnen und Manager darum, neue Informationen in bereits vorhandene Schemata einzupassen, also zu *assimilieren*.

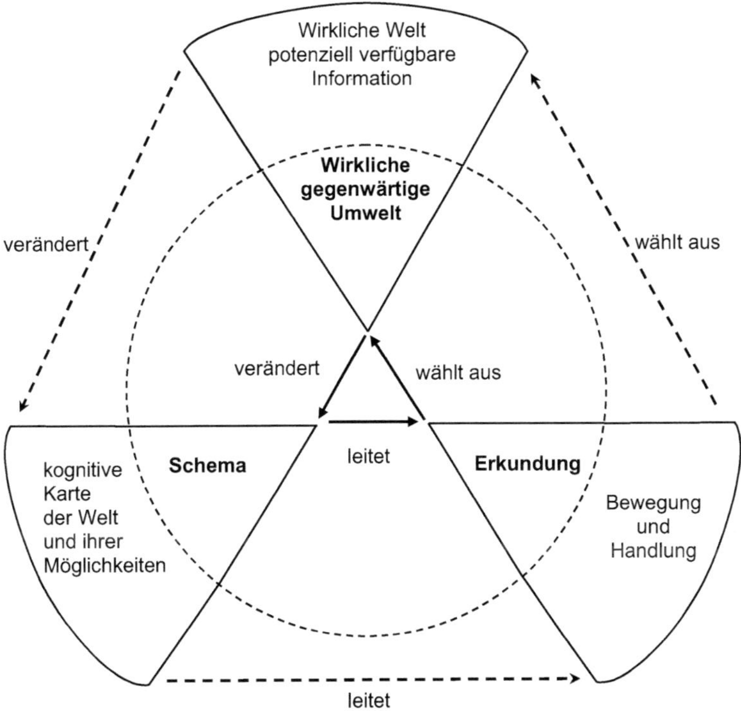

Abbildung 52: Wahrnehmungszyklus

Wahrnehmung ist nach Neisser (1979, S. 27) kein passiver Vorgang, durch den Umweltreize in einen Menschen hineinprojiziert werden. Vielmehr leiten die bereits existierenden Schemata die Erkundung der Umwelt. Die Erkundung beruht also auf Vorannahmen und führt daher zu einer aktiven Auswahl und Einschränkung dessen, was von der „wirklichen" Welt wahrgenommen werden kann. Erkundet wird ein begrenzter Realitätsausschnitt, der Informationen enthalten kann, die zu einer Veränderung der Schemata führen können. Schemata sind also Ausgangspunkt der Wahrnehmung, aber auch ihr Endpunkt. Der Kreislauf stellt eine objektive Wahrnehmung der Welt, wie sie „wirklich" ist, generell infrage. Gleichzeitig betont er die Selbststabilisierung und Attraktorbildung. Die Vorannahmen der Schemata führen dazu, dass man dort Informationen sucht, wo man sie bestätigen kann.

Wenn jedoch die Erfahrungen nicht an ein Schema assimiliert werden können, da sie den bisherigen Erfahrungen und Erwartungen zu sehr widersprechen, ist eine *Akkomodation*, also eine grundlegende Veränderung und Anpassung der Schemata nötig, wenn es weiterhin gelingen soll, mit seiner Umwelt sinnvoll, also im Sinne einer Zielerreichung zu interagieren. Im Rahmen einer solchen Akkomodation werden vorhandene Schemata differenziert oder neue generiert. Aus der Perspektive der Komplexitätstheorie würde man in diesem Zusammenhang davon sprechen, dass ein Phasenübergang stattfindet und das System ein neues Gleichgewicht in einem neuen Potenzialtal aufsucht. Eine weitere wichtige Schlussfolgerung aus der Konzeption von Piaget ergibt sich daraus, dass eine Akkomodation erst durch eine fehlgeschlagene Assimilation ausgelöst wird. Demnach kommt es dann zu einer Lernerfahrung, wenn Menschen und Organisationen durch den „Leidensdruck" einer fehlgeschlagenen Assimilation dazu motiviert werden. Die Anregungsenergie für den Phasenübergang ist hier der Wunsch des Menschen, in einer sich verändernden Welt zielgerichtet handlungsfähig zu bleiben. Gleiches gilt für Organisationen. Verlieren diese ihre Anpassungsfähigkeit, dann gehen sie unter. Der Wunsch zur Selbstaktualisierung treibt hier wie dort Veränderungen an. Eine gesunde Einstellung gegenüber den Anforderungen der Umwelt ist aus dieser Perspektive gegeben durch eine Balance zwischen dem Beharren im Attraktor (das stärkt in Organisationen das Wir-Gefühl und die Selbstbehauptung) und der aktiven Neuorganisation, wenn diese nötig ist (dies dient der Selbstaktualisierung und der Weiterentwicklung der Lernenden Organisation).

Einige Besonderheiten der Veränderung von Potenziallandschaften:

- Die sensiblen Druckpunkte einer Potenziallandschaft sind nicht leicht zu finden.
- Veränderung geschieht jedoch fast „von selbst", wenn sich Rand- und Rahmenbedingungen oder die Motivationslagen des Systems verändern.
- Die Auffassung der Synergetik über Selbstorganisationsprozesse und Phasenübergänge ist kompatibel mit Vorstellungen zur Lernenden Organisation und dem Prozess der Selbstaktualisierung in humanistischen Ansätzen der Psychologie. Die in der Humanistischen Psychologie postulierte Tendenz zu Selbstverwirklichung und Selbstaktualisierung liefert eine inhaltlich passende Interpretation der aus der Physik stammenden, eher formalen Modelle der Synergetik.
- Phasenübergänge können empirisch nachgewiesen werden. Daher erweitern sie das qualitative Konzept der Lernenden Organisation oder der Schematheorie. Zudem ergibt sich das Konzept der Phasenübergänge als logische Folge einer systemischen Perspektive. Es ist in empirisch fassbaren Systemen – wozu auch Managementprozesse gehören – mehr als nur eine Metapher.

Reflexionsfragen

- Neigen Sie zum *problem talk* oder zum *solution talk*?
- Wie kann man Probleme unterscheiden, bei denen es gut ist, die „Wurzel des Übels“ zu finden und solche, bei denen die Suche nach der Ursache alles nur noch schlimmer macht?
- Lob und Wertschätzung sind manchmal harte Arbeit, aber sie lohnt sich: Versuchen Sie doch einmal bewusst zu loben! Machen Sie sich dafür Notizen, was sich an einem Verhalten positiv hervorheben lässt und sagen das z. B. bei der Verabschiedung aus einem Meeting.
- Können Sie selbst Lob annehmen?

5.3 Ein Prozessmodell des Change-Managements

Es ist sowohl eine Grundüberzeugung als auch eine Voraussetzung für das Verständnis organisationalen Verhaltens sowie des Verhaltens von Menschen in Organisationen, dass – bei aller beobachtbaren Komplexität und Unsicherheit – eine Organisation sich durch Ordnungsbildungsprozesse von der Umwelt aktiv abgrenzt. Eine Organisation stemmt sich gegen Umwelteinflüsse und bewahrt damit ihre Ordnungsstruktur. Dabei unterscheidet sich – je nach theoretischer Schule – das Ausmaß des Vertrauens in die Erklärbarkeit, Vorhersagbarkeit und planmäßige Steuerbarkeit von Organisationen und den in ihnen tätigen Menschen.

Während der Ansatz des *Scientific Managements* die Machbarkeit und Steuerbarkeit vom grünen Tisch eines eleganten und weitab vom Trubel der Produktion liegenden Kontrollzentrums aus für machbar hält, zweifelt die auf der Systemtheorie beruhende Komplexitätsforschung an der Trennbarkeit von Planen und Entscheiden auf der einen Seite und der Ausführung auf der anderen. Dennoch betonen auch diese Ansätze ordnungsbildende organisationale Prozesse. Der Ordnungsbegriff der Synergetik wurde oben als Attraktor vorgestellt.

Als mathematisch definiertes Phänomen ist ein Attraktor weder auf physikalische Prozesse beschränkt noch mit einem bestimmten Inhalt verbunden. Wie bereits dargestellt, ist mit dem Begriff des Attraktors ein dynamisches Muster, also eine geordnete dynamische Struktur gemeint, die ein System auch gegen äußere Widerstände aufrechtzuerhalten geneigt ist. In diesem Sinne ist ein Attraktor tatsächlich ein Ordner, da er das System nach Verstörungen immer wieder in das attraktive Muster zurückzuführen versucht.

Ein Attraktor zeichnet sich also durch zwei Merkmale aus, zum einen durch eine geordnete dynamische Struktur und zum anderen durch eine Resistenz gegen Veränderungen. Immer dann, wenn ein Verhaltensmuster als stabil und gegen äußere Verstörungen relativ immun erscheint, kann es sinnvoll sein, von einem Attraktor zu sprechen.

Akzeptiert man den Attraktorbegriff als Heuristik und Metapher für ein Verhaltensmuster, dann ergeben sich daraus einige Schlussfolgerungen:

- *Komplexität und Ordnung sind keine Gegensätze.* Ein Systemverhalten kann hochgradig komplex erscheinen und doch Produkt eines deterministischen Systems sein. Deterministisches Chaos ist ein Attraktor und seine Musterhaftigkeit ist vorhersehbar. Dennoch ist es im Detail und auf lange Sicht aufgrund des Schmetterlingseffektes nicht prognostizierbar.
- *Attraktoren stärken das Kohärenzgefühl und die Stabilität eines Systems.* Attraktoren halten die Prozesse eines Systems aufrecht und grenzen diese gegen störende Umwelteinflüsse ab. Sie verteidigen die Integrität eines Systems und sind Ausdruck seiner Eigenständigkeit. In diesem Sinne bedeutet Selbstorganisation Autonomie und Abgrenzung gegen äußere Störeinflüsse.
- *Blockierte Selbstaktualisierung.* Probleme in Organisationen sind als unproduktive oder gar gefährliche Attraktoren interpretierbar, die sich Phasenübergängen wiederholt widersetzen. In einer Welt, die sich beständig verändert und menschliche Wahrnehmungs- wie Verarbeitungskapazität bei Weitem übersteigt, sorgen Attraktoren für eine nützliche Komplexitätsreduktion. Die Synergetik zeigt, wie ein Attraktor ein bestimmtes Muster aus einer Vielzahl an Möglichkeiten selektiert und stabilisiert. Trotz dieser Stabilisierungseigenschaft können sich lernende Systeme durch Phasenübergänge an bedeutsame Umweltveränderungen anpassen. Ist diese Lernfähigkeit blockiert, dann bleibt das System in einem nicht mehr adäquaten Attraktor gefangen. Das kann Organisationen und ganze Wirtschaftssysteme in Gefahr bringen. Die „Ursache“ für das Problem wäre also eine blockierte Selbstorganisations- bzw. Selbstaktualisierungsfähigkeit und nicht etwa eine externe Herausforderung wie z. B. die Digitalisierung und der Online-Handel. Solche Veränderungen treten immer wieder auf. Eine lernfähige Organisation springt nicht auf jede neue Mode auf, verschläft aber auch nicht die relevanten Veränderungstreiber. Organisationsberatung hat vielfach das Ziel, die Fähigkeit zur Selbstaktualisierung wiederherzustellen. Selbstaktualisierungsfähigkeiten sind in komplexen Systemen eingebaut. Verzichtet man auf diese „natürlichen“ Fähigkeiten, in dem man hierarchiebetontes Ursache-Wirkungs-Denken und -Handeln zum Grund-

prinzip erhebt, dann gewinnt man mehr Macht über das Geschehen in der Organisation, aber verliert die Fähigkeit zur Selbstorganisation.

- *Das Erleben von Ohnmacht ist eine unangenehme Eigenschaft gefahrvoller Attraktoren.* Attraktoren sind stabil gegenüber Veränderungen. Da Systeme die Aufrechterhaltung unproduktiver oder gefahrvoller Attraktoren scheinbar aktiv betreiben, erleben sich die beteiligten Personen als machtlos. Aus einer anderen Perspektive hat Frank (1961) diese Erfahrung als „Demoralisierung" beschrieben; bei Bandura (1997) wird sie als eingeschränkte Selbstwirksamkeit bezeichnet.
- *Trotz gefühlter Ausweglosigkeit sind Systeme in der Lage, sich auch ganz anders zu verhalten.* Attraktoren sind Ausdruck der Selbstorganisationskräfte eines Systems. Die Systemtheorie zeigt, dass komplexe Systeme im Rahmen ihrer Selbstorganisationsprozesse zu einer Vielfalt von anderen Verhaltensweisen fähig sind.
- *Schuldzuweisungen bringen nichts.* Als systemtheoretisches Konzept betont die Idee des Attraktors das kreiskausale Wechselspiel von Systemelementen ohne definierbaren Anfangspunkt. Schulderleben, Schuldzuweisungen und einseitige Ursachenzuschreibungen sind weder hilfreich für das Verständnis noch für die Auflösung einer Problematik.

Die Balance zwischen Stabilität und Wandel ist in Organisationen zentral. Sie betrifft die Organisation als Ganzes, aber auch die beteiligten Personen, Teams und Arbeitsgruppen. Lernen als Wandlungsprozess kann dabei nur gelingen, wenn die Selbstorganisationsfähigkeit des Systems intakt ist. Eine Organisationsberatung und -entwicklung hat daher vor allem die Widerherstellung und Stärkung der Selbstorganisationsfähigkeit zum Ziel. Veränderungen werden dabei nicht von außen verordnet, sondern entstehen aus dem System. Denn dieses weiß viel genauer und intuitiver, was helfen könnte und was nicht. In einem sensiblen und dynamischen Gestaltungsprozess werden die Bedingungen geschaffen, welche erforderlich sind, um Phasenübergänge anzuregen und Selbstorganisationsprozesse zu unterstützen.

Die Bedingungen für die Fähigkeit zur Selbstorganisation werden auch als *generische Prinzipien* bezeichnet (Schiepek et al. 2001, Strunk & Schiepek 2002, Haken & Schiepek 2006). Sie werden im Folgenden gegenüber der Originalliteratur verändert dargestellt (vgl. auch Schiersmann & Thiel, 2018). Dies betrifft die Abfolge der Prinzipien und die Schwerpunktsetzungen. So wie sie im Folgenden dargestellt werden, können sie als grundlegende *Prinzipien des Managements von Phasenübergängen* verstanden werden.

Prinzipien des Managements von Phasenübergängen:

1. *Stärkung und Anerkennung der Selbstwirksamkeit:* Die am System beteiligten Personen sollen als Expertinnen und Experten für ihr System wertgeschätzt und in ihrem Bemühen um selbstwirksame Einflussnahme unterstützt werden.
2. *Identifikation von hilfreichen und problematischen Mustern des Systems:* Identifikation des Systems, um das es geht. Hilfreiche Muster werden als Ressourcen und mögliche Wege aus dem Problem betrachtet, problematische Muster als veränderbar angesehen.
3. *Stabilitätsanalyse:* Veränderungen erfordern die Destabilisierung problematischer und die Stabilisierung gewollter Muster. Es gilt also zu explorieren, welche Veränderungsresistenzen beobachtbar sind und wo das System flexibel erscheint.
4. *Gezielte Symmetriebrechung vorbereiten:* Neue Attraktoren gilt es vorauszudenken und als Wunschvorstellung zu antizipieren, hier geht es um Zielorientierung, Antizipation und geplante Realisation von Strukturelementen des neuen Ordnungszustands.
5. *Aktivierung von Kontrollparametern:* Herstellung motivationsfördernder Bedingungen; Ressourcenaktivierung; Bezug zu den Zielen und Anliegen der beteiligten Personen herstellen. Sinn der Veränderung diskutieren und hervorheben.
6. *Destabilisierung anregen:* Experimente; Musterunterbrechungen; Unterscheidungen und Differenzierungen einführen; Ausnahmen; ungewöhnliches, neues Verhalten etc.
7. *Umgang mit Unsicherheit:* Mit zunehmender Destabilisierung kommt es zu einem Anstieg der Unsicherheit. Hier gilt es Sicherheit zu vermitteln, ohne die Destabilisierung zurückzufahren.
8. *Gefühl entwickeln für den richtigen Zeitpunkt der Musterveränderung:* Selbstorganisationsprozesse setzen schnell ein und ehe man sich versieht, hat das System schon ein neues Muster ausgebildet. Interventionen können nicht gegen das System wirken, sondern nur mit dem System. Daher gilt es ein Gefühl dafür zu entwickeln, wann eine Veränderung bevorsteht. Jetzt kann eine Intervention Wirkung entfalten.
9. *Schaffen von Stabilität:* Maßnahmen zur Stabilisierung und Generalisierung neuer und positiv bewerteter Muster. Sobald sich ein neues Muster etabliert hat und für positiv bewertet wurde, sollte alles dafür getan werden, dieses Muster zu stabilisieren und dem System Sicherheit sowie Vertrauen in das Neue zu vermitteln. Gleichzeitig gilt es die Leistung der Beteiligten am gelungenen Change zu betonen. Dies stärkt die Selbstwirksamkeit, womit sich der Kreis schließt.

Leider ist es eine Vereinfachung, wenn die Auflösung problematischer Attraktoren in Abbildung 49 als Abfolge von nur drei klar erkennbaren dynamischen Zuständen dargestellt wird. Im Veränderungsprozess kann es mal vor- und mal zurückgehen, ist nicht jeder Phasenübergang per se hilfreich und ist kein einzelner, alles zum Guten wendender

Attraktorwechsel zu erwarten. Vielmehr ist eine gelungene Veränderung als eine Kaskade von Phasenübergängen zu verstehen. Dennoch hilft die Vereinfachung der Abbildung 49, um drei wesentliche dynamische Zustände bei der Auflösung problematischer Attraktoren zu unterscheiden. (1) Vor dem Phasenübergang ist ein Umgang mit der Stabilität problematischer Attraktoren nötig (Prinzipien 1–4), der versucht, diese zu destabilisieren. (2) Ganz andere Prozesse treten während der Destabilisierung mit dem zunehmenden Einfluss sogenannter kritischer Fluktuationen und dem kritischen Langsamerwerden auf (Prinzipien 5–8). (3) Und schließlich ist nach dem Phasenübergang eine Restabilisierung im weniger problematischen Attraktor notwendig (Prinzip 9).

5.3.1 Vor dem Phasenübergang: Umgang mit der Stabilität problematischer Attraktoren

Es ist die Stabilität eines Problems, die zu Resignation und Selbstaufgabe führen und dadurch die Stabilität weiter fördern kann. Auf der anderen Seite kann die Destabilisierung der als hoffnungslos stabil erlebten Attraktoren Phasenübergänge anregen. Dabei spielen vor allem die ersten fünf Prinzipien des Managements von Phasenübergängen eine Rolle. Bei der Umsetzung dieser Prinzipien können folgende Verhaltensstrategien nützlich sein:

1. *Je stärker du drückst, desto stärker schlägt das System zurück.* Problematische Attraktoren lassen sich nicht durch ein Machtwort beenden. Viele Probleme beruhen erst darauf, dass Macht auf der einen Seite und Ohnmacht auf der anderen Feedbackprozesse verhindern, die aber nötig sind, damit ein System sich selbstorganisiert anpassen kann. Um Veränderungen in Systemen anzuregen, müssen Selbstorganisationsprozesse und Feedbacksysteme intensiviert und nicht etwa reduziert werden. Die Lösung liegt nicht in der Hierarchie und ihrer Macht hart durchzugreifen, sondern in der horizontalen Erweiterung des Systems um Feedback und dem Schaffen von Räumen, in denen angstfrei Neues ausprobiert werden kann. Es geht also darum, organisationale Rahmenbedingungen zu schaffen, die Räume für einen Phasenübergang erst ermöglichen. Selbstorganisation ist in Systemen möglich, die alle Aspekte der oben vorgestellten Checkliste (S. 83 ff.) mit „ja" beantworten. Diese Strukturen gilt es zu schaffen bzw. Barrieren abzubauen, die vormals implementiert worden waren, um Komplexität zu reduzieren. Veränderungen sind erst möglich, wenn man sich überwindet und die Komplexität umarmt und willkommen heißt (*Free Hugs*!).
2. *Beziehungsgestaltung als Zugang zu relevanten Kontrollparametern.* Systeme verändern sich von selbst, wenn sich die relevanten Kontrollparameter ändern. Für das bio-psycho-soziale System Mensch sind das im Wesentlichen

die oben bereits angesprochenen Faktoren der Motivation, der Angstvermeidung, des Erlebens von Autonomie und Selbstwirksamkeit etc. Das sind alles Aspekte, die sich mit einem Führen durch Anweisung, Kontrolle, Kritik und Bestrafung nicht gut vertragen. Menschen besitzen aus sich heraus bereits die Fähigkeit zur Selbstaktualisierung und zum selbständigen Lernen aus Fehlern, wenn sie sich angenommen und wertgeschätzt fühlen. Carl Rogers (1957) hat das in einem starken Bild zusammengefasst. Er meinte, dass Menschen von selbst die Wege aus persönlichen Krisen finden, wenn man ihnen nur aufmerksam und wertschätzend zuhört (Rogers 1957). Man muss weder Lösungen anbieten noch gezielte Interventionen anwenden. Menschen entwickeln selbstorganisiert Lösungen wenn sie nicht das Gefühl haben, mit dem Rücken zur Wand zu stehen. Ein Management, das Vertrauen vermittelt und „aktiv" zuhört (Rogers 1957), bereitet den Boden dafür, dass Mitarbeiterinnen und Mitarbeiter Wege aus Problemsituationen selber entwickeln. Die von Rogers (1957) benannten Variablen Echtheit, Einfühlung, Wertschätzung und Vertrauen bieten dazu noch immer eine gültige Orientierung.

3. *Identifikation von Kontrollparametern.* Relevante Kontrollparameter sind nicht leicht zu finden. Sie sind die Energie, mit der ein Element auf ein anderes Einfluss erhält. Ein Streit zum Beispiel wird mit der Geschwindigkeit befeuert, in der Rede und Gegenrede auf die jeweils andere Partei losgelassen werden. Ein Streit per Mail, SMS oder Chat eskaliert explosionsartig, weil das Medium keine Auszeit kennt. Möchte man einen Streit beilegen, wäre schon viel gewonnen, wenn sich die Parteien darauf einigen, niemals per SMS zu kommunizieren und stattdessen einen Brief zu schreiben (von Schlippe 2014). Allein das Herunterfahren der Mitteilungen pro Tag bewirkt eine spürbare Veränderung. Kontrollparameter sind die zentralen Druckpunkte eines Systems. Man muss aber Erfahrungen sammeln, welche Energien ein System befeuern und welche es abkühlen. Auch sind diese Energien nicht immer frei manipulierbar. Hier gilt es findig zu sein und kreativ das eine und das andere auszuprobieren. Systeme verändern sich, wenn sich die Kontrollparameter verändern.

4. *Reframing. Schuld und Ursachensuche hinterfragen.* Es wurde in diesem Buch schon mehrfach betont, das Schuldzuweisungen in komplexen Systemen nutzlos sind. Zudem verhindern sie durch ihre emotionale und kognitive Wirkung das Finden von Lösungen. Emotional werden Kontrollparameter wie Scham (*Naming-Blaming-Shaming*-Kultur) und Angst angeregt, die ein freies Lernen aus Fehlern verhindern. Kognitiv wird ein Attraktor erzeugt,

der eine leichte Erklärung für ein Problem anbietet, welches eigentlich Resultat eines komplexen Systems ist. Wird der Chef als Kontrollfreak oder als narzisstisch gestört angesehen, ergibt sich ein für eine Lösung viel starreres Korsett als bei der Feststellung, dass auch der Chef nur ein Rädchen in der Dynamik der Organisation ist. Gleiches gilt selbstverständlich auch für die Benennung des Verhaltens von Mitarbeiterinnen und Mitarbeitern als „gestört" oder „sonderbar". Je mehr auf die Person und nicht mehr auf die Umstände Bezug genommen wird, desto auswegloser erscheint die Situation. Denn nur die Umstände lassen sich mit dem Mitteln des Managements verändern. Es sollte also darum gehen, Schuldgefühle aufzulösen, Attributionen auf ein persönliches, individuell verschuldetes Versagen zu hinterfragen und eine „Systemlogik" zu entwickeln, in der sich die Frage nach „Schuld" oder „Ursachen" relativiert. Nur so kann die Überzeugung davon entstehen, dass es Auswege und Lösungsmöglichkeiten überhaupt gibt. Ziel dieses Perspektivenwechsels von der Person zum System ist nicht so sehr eine rationale Erklärung des Problems zu erreichen, sondern den Zugang zu Kontrollparametern wie erlebter Hilflosigkeit oder – andersherum – Selbstwirksamkeit zu ermöglichen (Bandura 1997).

5. *Etablierung von möglichen Zielattraktoren.* Ideen für mögliche Lösungen, Zielvorstellungen oder erlebte Ausnahmen vom Problem können vor dem Hintergrund einer offenen und vertrauensvollen Beziehung zu Vorgesetzen und zwischen Kolleginnen und Kollegen diskutiert und gesammelt werden. Werden solche Diskussionen moderiert oder bewusst gestaltet, dann sollten begleitend Kontrollparameter wie Zuversicht, positive Emotionen und Selbstwirksamkeitserwartungen gesteigert werden. Gleichzeitig eröffnet die Diskussion von Ausnahmen vom Problem (also die Diskussion von Situationen, in denen das Problem nicht auftrat) auch die Exploration relevanter Rand- und Rahmenbedingungen. Es soll ein Wissen darüber erarbeitet werden, wie eine Situation beschaffen sein könnte, in der ein positiver Attraktor entstehen kann. Je lebendiger die Ausnahmen oder Zielvorstellungen exploriert werden, umso besser: Welcher Soundtrack begleitet einen Morgen voller Tatendrang, an dem ich gern zur Arbeit komme? Welche Farben, Gerüche, welche Bilder und Menschen lassen mich kreativ werden? Vielleicht ist eine produktive Arbeitsatmosphäre eine Folge dieses Arrangements von hilfreichen Rand- und Rahmenbedingungen? Je lebendiger Ausnahmen oder Zielvorstellungen beschrieben und „erfühlt" werden, desto eher bilden sich erste kleine Potenzialmulden jenseits des problembeladenen Attraktors oder werden bereits existierende vertieft.

Insgesamt geht es um die Destabilisierung problematischer Attraktoren. Dies gelingt weniger durch direktive Manipulationen als durch das Erleben von positiven Emotionen bei zunächst in der Erinnerung oder der Fantasie stattfindenden Ausflügen in positivere Potenzialmulden, also mit der Exploration von Ressourcen, von Ausnahmen und Visionen. Als Führungsverhalten stehen die Selbstermächtigung und die Anregung von Selbstwirksamkeit im Vordergrund. Ein intellektuelles, allein rational orientiertes Durchdenken von Lösungsmöglichkeiten und die Einsicht in das Problem sind hier weniger wichtig als die Aktivierung von Kontrollparametern.

5.3.2 Während des Phasenüberganges: Destabilisierung, kritische Fluktuationen und kritisches Langsamerwerden

Unter Bedingungen von gegenseitigem Vertrauen, Sicherheit und Veränderungsmotivation steigert sich die Sensibilität für äußere und innere Einflüsse. Eine allmählich eintretende Destabilisierung zeigt sich unter anderem am *kritischen Langsamerwerden*. Während es früher immer hieß: „Das haben wir immer schon so gemacht, das werden wir nicht ändern!“, kommt es zunehmend zu Äußerungen, die eine Exploration des Neuen erkennen lassen: „Vielleicht können wir ja doch mal etwas anderes probieren“.

Wichtig für die produktive Nutzung solcher Phasen der Veränderungsbereitschaft ist das Erkennen der einsetzenden Destabilisierung durch das Management. Das Erkennen der Destabilisierung ([In-]Stabilitäts-Diagnostik) ist ein zentraler Punkt des oben angesprochenen Stabilitätsmanagements. Von Bedeutung sind hier zunächst das kritische Langsamerwerden sowie das Auftreten kritischer Fluktuationen. Mit diesen Prozessmerkmalen ist eine besondere Offenheit für Interventionen gegeben. Es ist der *Kairos für Veränderung*. Andererseits treten in solchen Phasen nicht selten Unsicherheiten auf. Mitunter kommt es dann zu einem Gefühl der Ratlosigkeit, darüber, was denn jetzt zu tun sei und was nicht. Ein wildes Durcheinander sich widersprechender Gerüchte ist ein Zeichen für Orientierungslosigkeit und das kann Angst und Irritationen auslösen. Einige interpretieren dies als Zeichen einer Verschlechterung des Problems, obwohl doch gerade jetzt Bewegung in die Potenziallandschaft kommt.

Kritisches Langsamerwerden als längere Ausflüge weg vom Problemattraktor und kritische Fluktuationen sind im Verlauf eines Phasenüberganges deutlich bemerkbar. Gleichzeitig gewinnen in solchen Phasen äußere Einflüsse an Bedeutung. In der Metapher der Potenziallandschaft wird dies einsichtig dargestellt: Das vormals tiefe Tal schottete äußere Einflüsse ab und war – wenn man so sagen darf – vom System ja extra zu diesem Zweck installiert worden. Eine Verstörung musste schon sehr stark sein, um die Kugel ein wenig aus der Mulde zu schieben. Wenn das gelang, rollte sie jedoch schnell und unweigerlich wieder zurück. Der äußere Einfluss war kaum spürbar. In dem Maße aber, in dem sich Attraktoren verflachen, werden äußere Einflüsse nicht mehr abgeschottet und es genügen bereits kleine Kräfte, um das System weit auszulenken. Es bleibt nicht aus, dass diese Veränderungen von Emotionen begleitet werden und auch auf der Verhaltensebene irritieren:

- *Schnelle Verhaltens- und Stimmungswechsel.* Der Verlust hochgradig stabiler Attraktoren kann zu schnellen Verhaltens- und Stimmungswechseln führen. Handelt es sich dabei tatsächlich um Anzeichen einer konstruktiven Destabilisierung, dann ist das kein Anlass zur Sorge. Es kann hilfreich sein, wenn das Management zu beruhigen versucht, indem es kommuniziert, dass die gewünschten Veränderungen sich eben durch solche Fluktuationen ankündigen, danach aber wieder Ruhe einkehrt.

- *Angst und Unsicherheit.* Weniger gezielte Widerstände als vielmehr unspezifische Angst vor dem Neuen sind in solchen Phasen nicht selten. Unter einem „gezielten Widerstand" kann die „Schwerkraft" verstanden werden, die eine ausgelenkte Kugel zurück in den tiefsten Punkt des Attraktors zwingt. Widerstand tritt also beim Kugelschieben im stabilen Attraktor auf. Beim Auflösen eines Problemattraktors kann es hingegen dazu kommen, dass bisher unbekannte Verhaltensmuster erstmals erprobt werden oder unbekannte, irritierende Verhaltensmuster auftreten. Gleichzeitig kann der Verlust von Stabilität als Unsicherheit erlebt werden. Diese Angst vor dem Neuen ist etwas anders als Widerstand.

- *Ganz ohne Muster.* Schreitet die Destabilisierung fort, kann es geschehen, dass das System kurzfristig nicht mehr weiß, wie es sich verhalten soll oder kann. Im Zustand ohne Muster ist es wichtig, eine Stabilisierung im angestrebten Zielattraktoren anzubieten. Daher sollte dieser schon vorher bereitgestellt (z. B. in Form von Zielszenarien oder Visionen entworfen) und als Möglichkeitsraum umfassend in der Organisation bzw. einem betroffenen Team diskutiert worden sein. Für die „gezielte" Symmetriebrechung ist dies entscheidend: Um Hilfe und Unterstützung in Symmetriezuständen anbieten zu können, sollten alternative Attraktoren Visionen oder mögliche Zielzustände bereits vorbereitet sein. Der Begriff „Symmetriezustand" bedeutet hier, dass eine Kugel oben auf dem Hügelkamm liegt, von wo sie in unterschiedliche Täler (mindestens in zwei) rollen kann. Wo nur ein Tal existiert, gibt es auch keine Symmetriezustände. In der Regel ist ein System zu unzähligen Verhaltensweisen fähig und in Zeiten der Instabilität werden schnell auch einmal verrückte Sachen ausprobiert – nur um wieder Halt zu finden. Ein *Change*-Prozess kann dramatisch scheitern, wenn er sich in solch einem

Muster stabilisiert. Symmetriezustände sind Zustände, in denen Weichen für zukünftige Entwicklungen gestellt werden, deren Ausgang häufig ungewiss ist. Daher sollten diese Zustände vom Management erkannt und begleitet werden.

- *Orientierung in geänderten Landschaften.* Bei Veränderungen 2. Ordnung ändert sich nicht nur das Systemverhalten, also der Weg einer Kugel in einer gegebenen Landschaft, sondern auch die Landschaft selbst. Die alten Wege werden wir in der neuen Landschaft nicht mehr finden – was nicht heißen muss, dass alte Attraktoren komplett verschwinden. Nicht selten bleiben sie als latente Möglichkeit erhalten (Organisationen können über eine sehr lange Zeit von den guten alten Zeiten „träumen") und sind immer wieder für einen „Rückfall" gut. Aber sie werden Teil einer neuen Landschaft (neu kontextualisiert). In manchen Fällen kann es vorkommen, dass aus Tälern Berge werden, also aus Attraktoren Repelloren. Diese versperren den Weg zurück. Wie auch immer: Organisationen und ihr Management sowie Mitarbeiterinnen und Mitarbeiter müssen sich in den neuen und sich immer wieder verändernden Landschaften orientieren. Sie machen die Erfahrung, dass Landkarten begrenzte Gültigkeit und jedes Erfolgsrezept ein Ablaufdatum haben.

In Phasen des Übergangs gilt es einiges zu kombinieren: (a) die Beobachtung des Systemverhaltens und seiner Dynamik, (b) passende Erklärungen für die auftretenden Verunsicherungen (kritische Instabilität, kritisches Langsamerwerden), (c) Nutzung des Kairos, um in passenden Momenten Anstöße in „vorbereitete", aber auch völlig überraschende Zielattraktoren zu geben und (d) Einsatz von Interventionen verschiedenster Art (Trainings, Übungen, Verhaltensexperimente, Workshops …), denn jetzt können solche Interventionen veränderungsrelevant werden.

Die Identifikation von inputsensiblen Phasen, wie sie im Umfeld von Phasenübergängen auftreten, ist gegenwärtig einer der wichtigsten Forschungsbereiche der Komplexitätsforschung in der Ökonomie und dem Management. Hierfür sind seit einiger Zeit auch technische Hilfsmittel wie das *Synergetische Navigationssystem* (SNS, Haken & Schiepek 2006) und Methoden der Komplexitätsmessung verfügbar (Strunk 2019).

5.3.3 Nach dem Phasenübergang: Restabilisierung neuer Attraktoren

Sobald Problemattraktoren an Anziehungskraft verlieren, kann man die Reisen in sich neu etablierende Attraktor- und Ziellandschaften ausweiten. Gewünscht ist dabei die Stabilisierung der Lösungsszenarien, also ein Dort-Heimisch-Werden, aber auch grundsätzlich eine neugierige, optimistische und angstfreie Haltung gegenüber Veränderung.

Erneut stehen die Eigenständigkeit und das Erleben von Selbstwirksamkeit im Vordergrund. Dazu kann es hilfreich sein, Erklärungsmodelle für die gewählten Lösungsmuster zu erarbeiten, d. h. gemeinsam zu konstruieren. Damit wächst die Überzeugung, dass man den gelungenen „Trick" mit dem Phasenübergang jederzeit wiederholen könnte, wenn es mal wieder schlechter laufen sollte. Einige Kolleginnen und Kollegen haben gute Erfahrungen damit gemacht, nach einem *Change* einen Papiercomputer einzusetzen, um ein Verständnis für die Ermöglichung des Veränderungsprozesses zu erarbeiten. Ein solches Systemmodell zeigt die relevanten Ressourcen und Strategien für die gelungene Veränderung auf.

Einige Besonderheiten im Umgang mit Phasenübergängen:

- Auch wenn der Begriff des Kontrollparameters eine gezielte Kontrollmöglichkeit suggeriert, ist es wichtig zu akzeptieren, dass diese nicht vorliegt und auch nicht gemeint ist. Zu den Kontrollparametern ihres Systems haben die Mitglieder einer Organisation, eines Teams oder einer Arbeitsgruppe alleinigen Zugang. Gleichzeitig regen Kontrollparameter Phasenübergänge zwar an, bestimmen aber nicht deren genaue Gestalt und deren Inhalt.
- Alter Wein in neuen Schläuchen? Die Synergetik und allgemeiner die modernen naturwissenschaftlichen Systemtheorien bieten einen Interpretationsrahmen, der kompatibel ist mit dem, was in vielen Unternehmen immer schon geschah. Dabei gelingt aber mehr als nur eine Umbenennung alter Techniken in neue Begriffe. Insbesondere liefert der Interpretationsrahmen der Komplexitätswissenschaften eine Basis für empirische Studien und für Innovationen im Umgang mit komplexen Systemen.

Reflexionsfragen

- Die Synergetik bietet eine Sicht auf Veränderungsprozesse an, die sich klar vom Management des Taylorismus und Fordismus unterscheidet. Erleben Sie das als Befreiung oder als Einschränkung?

6 Schon Schluss?

Ich habe einleitend angekündigt, dass dieses Buch vom Chaos handeln soll, von den Abgründen der Komplexität, aber auch von ihrer Schönheit, Vielgestaltigkeit und Wandlungsfähigkeit. Es war das Ziel, die Grenzen der Vorhersehbarkeit, der Plan- und Beeinflussbarkeit komplexer Systeme auszuloten und zu zeigen, wie sich gerade an diesen Grenzen neue Möglichkeiten für das Management eröffnen.

Auf dem Weg durch die Grundlagen der Komplexitäts- und Chaosforschung wurden zunächst bewusst die klassischen Bausteine des systemischen Denkens dargestellt. Einfache Teufels- und Regelkreise bilden aber nicht nur die Grundlage für ein Denken in Zusammenhängen, sie können auch das Tor öffnen für komplexe selbstorganisierte Prozesse. Dass dies bereits für simple mit gemischtem Feedback ausgestattete Systeme gilt, kann nicht häufig genug betont werden. Damit sind komplexe Selbstorganisation und Chaos überall in der belebten und unbelebten Natur und also auch in jeder Form von Organisationen hochwahrscheinlich. Daher wurden im Verlauf des Kapitels 5 ein Stabilitätsmanagement als Schlüssel zum Umgang mit Komplexität anhand des Modells des Phasenübergangs diskutiert und Schlussfolgerungen für die Managementpraxis daraus abgeleitet. Es versteht sich, dass im Rahmen einer Einführung in das „Komplexitätsmanagement" kein allumfassender Überblick über sämtliche Schlussfolgerungen der komplexitätswissenschaftlichen Perspektive präsentiert werden kann. Ich hoffe aber, das Interesse für diese Perspektive geweckt zu haben. Nahrhaftes Lesefutter und vertiefte Darstellungen finden sich in der zitierten Literatur.

Dass menschliches Verhalten komplex und selbst für die Handelnden immer wieder überraschend ist, ist kein Geheimnis und wird wohl von niemandem ernsthaft bestritten werden können. Organisationen antworten darauf nicht selten mit einer Komplexitätsreduktion, die das Kind zusammen mit dem Bad ausschüttet. Komplexität ist nicht immer das Problem, sondern im Gegenteil die Folge menschlicher Selbstregulationsfähigkeit. Davon können Organisationen profitieren.

Die Komplexitätstheorie wählt daher einen anderen Umgang mit dem Komplexen. Sie nimmt dieses ernst und interessiert sich für das Wesen der Komplexität. Was macht die Evolution so erfolgreich? Warum gelingt es Menschen, sich so gut anzupassen? Der Trick des lebenden Organismus ist seine Fähigkeit zur Selbstorganisation, also seine Fähigkeit zur Komplexität. Man kann diese Fähigkeit in Organisationen fördern und damit ihre Überlebensfähigkeit stärken. Man kann sie aber auch unterdrücken. Letzteres kann in einer sich trivial verhaltenden Umwelt vielleicht eine Zeitlang erfolgreich sein. Nachhaltig ist es auch dort nicht. Vielleicht ist es an der Zeit, die Komplexität zu umarmen: *Free Hugs!*

7 Literatur

an der Heiden U. & Mackey M. C. (1987) Mixed Feedback: A Paradigm for Regular and Irregular Oscillation. In: Rensing L., Heiden U. a. d. & Mackey M. C. (Hrsg) *Temporal Disorders in Human Oscillatory Systems*. Springer, Berlin, 30–46

an der Heiden U. (1992a) Selbstorganisation in dynamischen Systemen. In: Krohn W. & Küppers G. (Hrsg) *Emergenz – Die Entstehung von Ordnung, Organisation und Bedeutung*. Suhrkamp, Frankfurt am Main, 57–88

an der Heiden U. (1992b) Der Organismus als selbstherstellendes dynamisches System. In: Zänker K. S. (Hrsg) *Kommunikationsnetzwerke im Körper. Psychoneuroimmunologie – Aspekte einer neuen Wissenschaftsdisziplin*. Spektrum der Wissenschaft, Heidelberg, 127–154

Ansoff H. I. (1991) Critique of Henry Mintzberg's "The Design School: Reconsidering the Basic Premises of Strategic Management". *Strategic Management Journal*, 12 (6), 449–461

Antonovsky A. & Franke A. (1997) *Salutogenese. Zur Entmystifizierung der Gesundheit.* dgvt, Tübingen

Argyris C. (1977) Double Loop Learning In Organizations. *Harvard Business Review*, (September–October), 118–119

Argyris C. & Schön D. (1978) *Organizational Learning: A Theory of Action Perspective.* Addison-Wesley, Reading

Ashby W. R. (1957) *An introduction to cybernetics*. Chapman & Hall, London

Bachelier L. J.-B. (1900) *Théorie de la spéculation (Thèse – Faculté des sciences de Paris).* Gauthier-Villars, Paris

Bandura A. (1997) *Self-Efficacy: The Exercise of Control.* W. H. Freeman, New York

Barnett W. A. & Serletis A. (2000) Martingales, Nonlinearity, and Chaos. *Journal of Economic Dynamics & Control*, 24, 703–724

Beck U. & Beck-Gernsheim E. (2005) *Das ganz normale Chaos der Liebe.* Suhrkamp, Frankfurt am Main

Beer S. (1966) *Decision and Control: The Meaning of Operational Research and Management Cybernetics*. John Wiley & Sons, London

Belker S. & Nelle I. (1994) *Die Kunst der Emotion: Verlaufsuntersuchung zum subjektiven Emotionserleben im Alltag, seinen Bedingungen und Auswirkungen. Ein Selbstversuch. Unveröffentlichte Diplomarbeit.* Westfälische Wilhelms-Universität Münster, Münster

Benetka G. (2002) *Denkstile der Psychologie. Das 19. Jahrhundert.* WUV-Universitätsverlag, Wien

Bettermann H. & van Leeuwen P. (1992) Dimensional Analysis of RR Dynamic in 24 hour Electrocardiograms. *Acta Biotheoretica*, 40, 297–312

Bliss C. (2000) *Management von Komplexität: Ein integrierter, systemtheoretischer Ansatz zur Komplexitätsreduktion.* Springer Fachmedien, Wiesbaden

Bohata M. (2019) *Komplexität im Management. Das Begriffsverständnis im „Academy of Management Journal".* Masterthesis, FH Campus, Wien

Borkenau P. & Ostendorf F. (1993) *NEO-Fünf-Faktoren Inventar (NEO-FFI) nach Costa und McCrae. Handanweisung.* Hogreve Verlag für Psychologie, Göttingen

Bruggemann A., Groskurth P. & Ulich E. (1975) *Arbeitszufriedenheit.* Hans Huber Verlag, Bern

Buzzanell P. M. & Goldzwig S. R. (1991) Linear and Nonlinear Career Models. Metaphors, Paradigms, and Ideologies. *Management Communication Quarterly*, 4 (4), 466–505

Darwin C. (1859) *On the Origin of Species by Means of Natural Selection, or the Preservation of Favoured Races in the Struggle for Life.* John Murray, London

Day R. H. (1992) Complex Economic Dynamics: Obvious in History, Generic in Theory, Elusive in Data. *Journal of Applied Econometrics*, 7, 9–23

de Laplace P. S. (1996/1814) *Philosophischer Versuch über die Wahrscheinlichkeit.* Verlag Harri Deutsch, Frankfurt am Main

de Shazer S. (1989) *Wege erfolgreicher Kurzzeittherapie.* Klett-Cotta, Stuttgart

de Shazer S. (1992) *Der Dreh. Überraschende Wendungen und Lösungen in der Kurzzeittherapie (2., korrigierte Auflage).* Auer, Heidelberg

Deutsch A. (Hrsg) (1994) *Muster des Lebendigen. Faszination ihrer Entstehung und Simulation.* Vieweg Verlag, Braunschweig

Drucker P. F. (1954) *The Practice of Management.* Harper & Row, New York

Dürr H.-P. (1990) *Das Netz des Physikers. Naturwissenschaftliche Erkenntnisse in der Verantwortung.* Deutscher Taschenbuch Verlag, München

Eckmann J. P., Oliffson Kamphorst S. & Ruelle D. (1987) Recurrence plots of dynamical systems. *Europhysics Letters*, 4, 973–977

Einstein A. (1917) Zur Quantentheorie der Strahlung. *Physikalische Zeitschrift*, 18, 121–128

Einstein A. (1934) On the Method of Theoretical Physics. *Philosophy of Science*, 1 (2), 163–169

Einstein A., Born H. & Born M. (1972) *Briefwechsel 1916–1955.* Rowohlt Taschenbuchverlag, Reinbek bei Hamburg

Elbert T. & Rockstroh B. (1993) Das chaotische Gehirn – Erfassung nichtlinearer Dynamik aus physiologischen Zeitreihen. *Verhaltensmodifikation und Verhaltensmedizin*, (1/2), 80–95

Fama E. F. (1970) Efficient capital markets: a review of theory and empirical work. *Journal of Finance*, 25, 383–417

Fama E. F. (1991) Efficient Capital Markets: II. *The Journal of Finance*, 46 (5), 1575–1617

Feigenbaum M. J. (1978) Quantitative Universality for a Class of Nonlinear Transformations. *Journal of Statistical Physics*, 19 (1), 25–52

Fisher G. H. (1967) Measuring ambiguity. *American Journal of Psychology*, 80, 541–547

Ford H. & Crowther S. (1922) *My life and work.* Doubleday, Page & Company, New York

Forrester J. W. (1961) *Industrial Dynamics.* Pegasus Communications, Waltham

Forrester J. W. (1969) *Urban Dynamics.* Pegasus Communications, Waltham

Frank J. D. (1961) *Persuation and Healing: A Comparative Study of Psychotherapy.* Johns Hopkins University Press, Baltimore

Freeman W. J. (1999) Noise-Inducted First-Order Phase Transitions in Chaotic Brain Activity. *International Journal of Bifurkation and Chaos*, 9 (11), 2215–2218

Friedlmayer S., Reznicek E. & Strunk G. (2000) *Sozialisationschancen und Betreuungsstrukturen. Vortrag anlässlich der Verleihung des wissenschaftlichen Förderpreises der Systemischen Gesellschaft.* Vortrag, gehalten auf: Jahrestagung der Systemischen Gesellschaft, Weinheim, 25.11.2000

Frisch R. (1933) Propagation Problems and Impulse Problems in Dynamic Economics. In: Cassel G. (Hrsg) *Economic Essays in Honor of Gustav Cassel.* George Allen & Unwin, London, 171–205

Galilei G. (1964/1638) *Unterredungen und mathematische Demonstrationen über zwei neue Wissenszweige, die Mechanik und die Fallgesetze betreffend.* Wissenschaftliche Buchgesellschaft, Darmstadt

Gergen K. J. (1994) *Realities and Relationships. Soundings in Social Construction.* Harvard University Press, Cambrige

Gigerenzer G. & Gaissmaier W. (2006) Denken und Urteilen unter Unsicherheit: Kognitive Heuristiken. In: Funke J. (Hrsg) *Enzyklopedie der Psychologie, Vol. 8: Denken und Problemlösen.* Hogrefe, Göttingen, 329–374

Gigerenzer G. (2008) *Bauchentscheidungen: Die Intelligenz des Unbewussten und die Macht der Intuition.* Goldmann,

Goldberger A. L. (1987) Nonlinear Dynamics, Fractals, Cardiac Physiology, and Sudden Death. In: Rensing L., Heiden U. a. d. & Mackey M. C. (Hrsg) *Temporal Disorders in Human Oscillatory Systems.* Springer, Berlin, 118–125

Gouel C. (2012) Agricultural Price Instability: A Survey of Competing Explanations and Remedies. *Journal of Economic Surveys*, 26 (1), 129–156

Haken H. (1969) *Nicht publizierte Vorlesung an der Fakultät für Physik [Unpublished Lecture at the Departmend of Physics].* University of Stuttgart, Stuttgart

Haken H. (Hrsg) (1970) *Laser Theory.* Springer, Berlin

Haken H. (1977) *Synergetics. An Introduction. Nonequilibrium Phase Transitions and Self-Organization in Physics, Chemistry and Biology.* Springer, Berlin, Heidelberg, New York

Haken H. (1979) Pattern Formation and Pattern Recognition – An Attempt at a Synthesis. In: Haken H. (Hrsg) *Pattern Formation by Dynamic Systems and Pattern Recognition.* Springer, Berlin, 2–13

Haken H. (1985) *Synergetik. Eine Einführung. Nichtgleichgewichts-Phasenübergänge und Selbstorganisation in Physik, Chemie und Biologie.* Springer, Berlin

Haken H., Kelso J. A. S. & Bunz H. (1985) A Theoretical Model of Phase Transitions in Human Hand Movements. *Biological Cybernetics*, 51, 347–356

Haken H. (1987) Die Selbstorganisation der Information in biologischen Systemen aus der Sicht der Synergetik. In: Küppers B.-O. (Hrsg) *Ordnung aus dem Chaos*. Piper, München, 127–156

Haken H. (1988a) Entwicklungslinien der Synergetik, I. *Naturwissenschaften*, 75 (4), 163–172

Haken H. (1988b) Entwicklungslinien der Synergetik, II. *Naturwissenschaften*, 75 (5), 225–234

Haken H. (1990) *Synergetics. An Introduction*. Springer, Berlin

Haken H. & Wunderlin A. (1991) *Die Selbststrukturierung der Materie*. Vieweg Verlag, Braunschweig

Haken H. & Schiepek G. (2006) *Synergetik in der Psychologie. Selbstorganisation verstehen und gestalten*. Hogrefe, Göttingen

Harer M. & Coleman T. (2015) *Big Data, Big Picture: Can You See It?* CA technologies, https://www.slideshare.net/CAinc/big-data-big-picture-can-you-see-it, abgefragt am: 18.11.2019

Heisenberg W. (1927) Über den anschaulichen Inhalt der quantentheoretischen Kinematik und Mechanik. *Zeitschrift für Physik*, 43 (3), 172–198

Iasemidis L. D. & Sackellares J. C. (1991) The Evolution with Time of the Spatial Distribution of the Lagest Lyapunov Exponent on the Human Epileptic Cortex. In: Duke D. & Pritehard W. (Hrsg) *Measuring Chaos in the Human Brain*. World Scientific, Singapore, 49–82

Jöreskog K. G. (1973) A general method for estimating a linear structural equation system. In: Goldberger A. S. & Duncan O. D. (Hrsg) *Structural equation models in the social sciences*. Seminar, New York, 85–112

Kahneman D. & Tversky A. (1973) On the psychology of prediction. *Psychological Review*, 80 (4), 237–251

Kahneman D. & Tversky A. (1979) Prospect theory: an analysis of decision under risk. *Econometrica*, 47 (2), 263–292

Kasper H. & Mühlbacher J. (2002) Von Organisationskulturen zu lernenden Organisationen. In: Kasper H. & Mayrhofer W. (Hrsg) *Personalmanagement – Führung – Organisation*. Linde, Wien, 95–157

Keen S. (1997) From Stochastics to Complexity in Models of Economic Instability. *Nonlinear Dynamics, Psychology, and Life Sciences*, 1 (2), 151–172

Kieser A. (1995) Moden & Mythen des Organisierens. *Die Betriebswirtschaft*, 56 (1), 21–39

Kieser A. (2006) Managementlehre und Taylorismus. In: Kieser A. & Ebers M. (Hrsg) *Organisationstheorien*. Kohlhammer, Stuttgart, 93–132

Kimmel M. (2012) Intersubjectivity at Close Quarters: How Dancers of Tango Argentino Use Imagery for Interaction and Improvisation. *Journal of Cognitive Semiotics*, 4 (1), 76–124

Knight F. H. (1921/2009) *Risk, Uncertainty, and Profit*. Signalman Publishing,

Kowalik Z. J. (1998) *Biomedizinische Zeitreihen und nichtlineare Dynamik*. LIT-Verlag, Münster

Kriz J. (1994) *Grundkonzepte der Psychotherapie. Eine Einführung*. Beltz, Weinheim

Li T.-Y. & Yorke J. A. (1975) Period Three Implies Chaos. *American Mathematical Monthly*, 82 (6), 985–992

Liening A. (2017) *Komplexität und Entrepreneurship. Komplexitätsforschung sowie Implikationen auf Entrepreneurship-Prozesse*. Springer Gabler, Wiesbaden

Lorenz E. N. (1963) Deterministic Non-Periodic Flow. *Journal of Atmosphere Science*, 20, 130–141

Lowe E. J. (1980) For Want of a Nail. *Analysis*, 40 (1), 50–52

Luhmann N. (1984) *Soziale Systeme. Grundriß einer allgemeinen Theorie*. Suhrkamp, Frankfurt am Main

Lundberg E. (1937) *Studies in the Theory of Economic Expansion*. P. S. King & Son Ltd., London

Mackey M. C. & an der Heiden U. (1982) Dynamical Diseases and Bifurcations. *Funktionelle Biologie & Medizin*, 1, 156–164

Mandelbrot B. B. (1963) The Variation of Certain Speculative Prices. *Journal of Business*, 36 (4), 394–429

Mandelbrot B. B. (1982) *The Fractal Geometry of Nature*. Freeman, New York

Mandelbrot B. B. (1987) *Die fraktale Geometrie der Natur*. Birkhäuser, Basel

Mandelbrot B. B. & Hudson R. L. (2004) *The (Mis)Behavior of Markets: A Fractal View of Risk, Ruin, and Reward*. Basic Books, New York

Manteufel A. & Schiepek G. (1998) *Systeme spielen. Selbstorganisation und Konzeptentwicklung in sozialen Systemen (unter Mitarbeit von Reicherts, M., Strunk, G., Wewers, D.)*. Vandenhoeck & Ruprecht, Göttingen

March J. G. & Simon H. A. (1958) *Organizations*. John Wiley, New York

March J. G. & Olsen J. P. (1976) *Ambiguity and Choice in Organizations*. Universtetsforlaget, Bergen, NO

Maturana H. R. (1982) *Erkennen: Die Organisation und Verkörperung von Wirklichkeit*. Vieweg Verlag, Braunschweig

Maturana H. R. (1987) Biologie der Sozialität. In: Schmidt S. J. (Hrsg) *Der Diskurs des Radikalen Konstruktivismus*. Suhrkamp, Frankfurt am Main, 287–302

Maturana H. R. & Varela F. (1987) *Der Baum der Erkenntnis*. Scherz, Bern, München, Wien

Maxwell J. C. (1867/1868) On Governors. *Proceedings of the Royal Society of London*, 16, 270–283

McGregor D. (1960) *The human side of enterprise*. McGraw-Hill, New Yotk

Meadows D., Meadows D., Zahn E. & Milling P. (1972) *Die Grenzen des Wachstums. Bericht des Club of Rome zur Lage der Menschheit*. Deutsche Verlags-Anstalt, Stuttgart

Mintzberg H. (1990) The Design School: Reconsidering the Basic Premises of Strategic Management. *Strategic Management Journal*, 11 (3), 171–195

Münsterberg H. (1912) *Psychologie und Wirtschaftsleben.* J.A. Barth, Leipzig

Neisser U. (1979) *Kognition und Wirklichkeit. Prinzipien und Implikationen der kognitiven Psychologie.* Klett-Cotta, Stuttgart

Newton I. (1846/1687) *Newton's Principia. The mathematical principles of natural philosophy, by Sir Isaac Newton; translated into English by Andrew Motte.* Daniel Adee, New York

Nicolai A. & Kieser A. (2002) Trotz eklatanter Erfolglosigkeit: Die Erfolgsfaktorenforschung weiter auf Erfolgskurs. *Die Betriebswirtschaft*, 62 (6), 579–596

Nicolis G. & Prigogine I. (1987) *Die Erforschung des Komplexen. Auf dem Weg zu einem neuen Verständnis der Naturwissenschaften.* Piper, München

Nonaka I. & Takeuchi H. (1995) *The Knowledge-Creatinig Company.* Oxford University Press, New York

Nonaka I. & Georg K. v. (2009) Tacit Knowledge and Knowledge Conversion: Controversy and Advancement in Organizational Knowledge Creation Theory. *Organization Science*, 20 (3), 635–652

Parker B. (1996) *Chaos in the Cosmos: New Insights into the Universe.* Plenum Press, New York

Peitgen H.-O., Jürgens H. & Saupe D. (1992) *Bausteine des Chaos. Fraktale.* Springer; Klett-Cotta, Berlin

Perry J. T., Chandler G. N. & Markova G. (2012) Entrepreneurial Effectuation: A Review and Suggestions for Future Research. *Entrepreneurship Theory and Practice*, 36 (4), 837–861

Pfeffer J. & Sutton R. I. (2006) Evidence-Based Management. *Harvard Business Review*, (1), 62–74

Piaget J. (1976) *Die Äquilibration der kognitiven Strukturen.* Klett, Stuttgart

Poincaré H. (1890) Sur le problème des trois corps et les équations de dynamique. *Acta Mathematica*, 13, 5–256

Polanyi M. (1966/1983) *Tacit Knowledge.* Doubleday Publishers, New York

Prigogine I. (1955) *Thermodynamics of Irreversible Processes.* Wiley, New York

Prigogine I. (1987) *Die Erforschung des Komplexen. Auf dem Weg zu einem neuen Verständnis der Naturwissenschaften.* Piper, München

Prigogine I. & Stengers I. (1993) *Das Paradoxon der Zeit. Zeit, Chaos und Quanten.* Piper, München

Prigogine I. (1995) *Die Gesetze des Chaos.* Insel Taschenbuch, Frankfurt am Main

Raphael D. D. (1991) *Adam Smith.* Campus Verlag, Frankfurt am Main

Richter S. (1989) *Wunderbares Menschenwerk. Aus der Geschichte der mechanischen Automaten.* Edition Leipzig, Leipzig

Rogers C. R. (1957) The Necessary and Sufficient Conditions of Therapeutic Personality Change. *Journal of Consulting Psychology*, 21, 95–103

Rose M. (2012) *Empirischer Nachweis der Hysterese in ökonomischen Entscheidungssituationen mit Hilfe der Theorien Nichtlinearer Dynamischer Systeme.* TU Dortmund, Dortmund

Rose M. (2017) *Management komplexer Systeme. Entwicklung eines Messinstruments für den branchenübergreifenden Vergleich komplexitätswissenschaftsbasierter Managementprinzipien* https://eldorado.tu-dortmund.de/bitstream/2003/35764/1/Dissertation_Rose.pdf, abgefragt am: 31.08.2017

Rössler O. E. (1976) An equation for continuous chaos. *Physics Letters A*, 57 (5), 397–398

Russell B. (1950) *Philosophie des Abendlandes. Ihr Zusammenhang mit der politischen und der sozialen Entwicklung.* Europa Verlag, Zürich

Samuelson P. A. (1939) Interactions Between the Multiplier Analysis and the Principle of Acceleration. *Review of Economics and Statistics*, 21 (May), 75–78

Sarasvathy S. D. (2001) Causation and Effectuation: Toward a Theoretical Shift from Economic Inevitability to Entrepreneurial Contingency. *Academy of Management Review*, 26 (2), 243–263

Sarasvathy S. D. (2008) *Effectuation – Elements of Entrepreneurial Expertise.* Edward Elgar, Cheltenham, UK

Schiersmann, C. & Thiel, H. U. (2018) *Organisationsentwicklung. Prinzipien und Strategien von Veränderungsprozessen.* Wiesbaden: Springer

Schiepek G. (1986) *Systemische Diagnostik in der Klinischen Psychologie.* Beltz, Weinheim, München

Schiepek G. (1991) *Systemtheorie der Klinischen Psychologie.* Vieweg Verlag, Braunschweig

Schiepek G. & Strunk G. (1994) *Dynamische Systeme. Grundlagen und Analysemethoden für Psychologen und Psychiater.* Asanger, Heidelberg

Schiepek G., Eckert H., Honermann H. & Weihrauch S. (2001) Ordnungswandel in komplexen dynamischen Systemen: Das systemische Paradigma jenseits der Therapieschulen. *Hypnose & Kognition*, 18, 89–117

Schiepek G. (Hrsg) (2003) *Neurobiologie der Psychotherapie (Studienausgabe 2004).* Schattauer, Stuttgart

Schiepek G. & Strunk G. (2010) The identification of critical fluctuations and phase transitions in short term and coarse-grained time series. A method for the real-time monitoring of human change processes. *Biological Cybernetics*, 102 (3), 197–207

Schmidt G. (2005) *Einführung in die hypnosystemische Therapie und Beratung.* Carl Auer, Heidelberg

Schreyögg G. (1990) *Organisation: Grundlagen moderner Organisationsgestaltung.* Gabler, Wiesbaden

Schrödinger E. (1989/1944) *Was ist Leben? Die lebende Zelle mit den Augen des Physikers betrachtet.* Piper, München

Schrödinger E. (1989/1958) *Geist und Materie.* Diogenes, Zürich

Schulz von Thun F. (1989) *Miteinander Reden 2. Stile, Werte und Persönlichkeitsentwicklung. Differentielle Psychologie der Kommunikation.* Rowohlt, Reinbek bei Hamburg

Seifritz W. (1987) *Wachstum, Rückkopplung und Chaos.* Hanser, München

Senge P. M. (1996) *Die fünfte Disziplin.* Klett-Cotta, Stuttgart

Shiller R. J. (2003) From Efficient Markets Theory to Behavioral Finance. *The Journal of Economic Perspectives*, 17 (1), 83–104

Simon H. A. (1955) A Behavioral Model of Rational Choice. *The Quarterly Journal of Economics*, 69 (1), 99–118

Skinner J. E., Goldberger A. L., Mayer-Kress G. & Ideker R. E. (1990) Chaos in the Heart: Implications for Clinical Cardiology. *Biotechnology*, 8, 1018–1033

Smith A. (2004/1759) *Theorie der ethischen Gefühle (eng. Org. The Theory of Moral Sentiments).* Meiner, Hamburg

Smith A. (2005/1776) *Untersuchung über Wesen und Ursachen des Reichtums der Völker (eng. Org. An Inquiry into the Nature and Causes of the Wealth of Nations).* UTB, Mohr Siebeck, Tübingen

Stewart I. (2002) *Does God Play Dice? The New Mathematics of Chaos (Second Edition).* Blackwell Publishing, Malden

Strunk G. (1996) Versuch einer systemischen Modellbildung. *Systeme. Interdisziplinäre Zeitschrift für systemtheoretisch orientierte Forschung und Praxis in den Humanwissenschaften*, 10 (2), 46–64

Strunk G. & Schiepek G. (2002) Dynamische Komplexität in der Therapeut-Klient-Interaktion. Therapieforschung aus dem Geiste der Musik. *Psychotherapeut*, 47 (5), 291–300

Strunk G. (2004) *Organisierte Komplexität. Mikroprozess-Analysen der Interaktionsdynamik zweier Psychotherapien mit den Methoden der nichtlinearen Zeitreihenanalyse.* Otto-Friedrich-Universität Bamberg. Online publiziert 2005: http://www.opus-bayern.de/uni-bamberg/volltexte/2005/64/pdf/Strunk_Dissertation.pdf, Bamberg

Strunk G. (2006a) Vom Kern des Systemischen und dem Drumherum. *Systeme. Interdisziplinäre Zeitschrift für systemtheoretisch orientierte Forschung und Praxis in den Humanwissenschaften*, 20 (2), 133–156

Strunk G. (2006b) Über den Berg oder mitten hindurch? In: Metha G. & Zika E. (Hrsg) *Systemische Grenzgänge. Wirksames und Wirkendes im Zwischenmenschlichen.* Krammer Verlag, Wien, 91–108

Strunk G. & Schiepek G. (2006) *Systemische Psychologie. Eine Einführung in die komplexen Grundlagen menschlichen Verhaltens.* Spektrum Akademischer Verlag, München

Strunk G. (2009a) Operationalizing Career Complexity. *Management Revue*, 20 (3), 294–311

Strunk G. (2009b) *Die Komplexitätshypothese der Karriereforschung.* Peter Lang, Frankfurt am Main

Strunk G. & Schiepek G. (2013) *Systemische Psychologie. Eine Einführung in die komplexen Grundlagen menschlichen Verhaltens*. Spektrum Akademischer Verlag, München

Strunk G. & Schiepek G. (2014) *Therapeutisches Chaos. Eine Einführung in die Welt der Chaostheorie und der Komplexitätswissenschaften*. Hogrefe, Göttingen

Strunk G. (2019) *Leben wir in einer immer komplexer werdenden Welt? Methoden der Komplexitätsmessung für die Wirtschaftswissenschaft.* Complexity-Research, Wien

Strunk G. (2020) Entrepreneurship als Management von Komplexität – Versuch einer begrifflichen Klärung mit praktischen Implikationen. In: Halbfas B., Ebbers I. & Bijedić T. (Hrsg) *Entrepreneurship Education*. Springer Gabler, Wiesbaden, 80–96

Tass P. A., Smirnov D., Karavaev A., Barnikol U., Barnikol T., Adamchic I., Hauptmann C., Pawelcyzk N., Maarouf M., Sturm V., Freund H. J. & Bezruchko B. (2010) The causal relationship between subcortical local field potential oscillations and Parkinsonian resting tremor. *Journal of Neural Engineering*, 7 (1), 016009

Tass P. A., Adamchic I., Freund H. J., von Stackelberg T. & Hauptmann C. (2012) Counteracting tinnitus by acoustic coordinated reset neuromodulation. *Restorative Neurology and Neuroscience*, 30, 137–159

Taylor F. W. (1977) *Die Grundsätze wissenschaftlicher Betriebsführung. (Erstausgabe 1913)*. Beltz, Weinheim

Turnheim G. (1991) *Chaos und Management*. MANZ Wirtschaft, Wien

Verhulst P. F. (1844) Recherches Mathematiques sur la loi d'accroissement de la population. *Mémoires de l'Académie Royale des Sciences et Belles Lettres de Bruxelles*, XVIII, 1–42

Vester F. (1986) *Ein Baum ist mehr als ein Baum*. Kösel,

Vester F. (1991/1976) *Ballungsgebiete in der Krise*. Deutscher Taschenbuch Verlag, München

Vester F. (1999) *Die Kunst vernetzt zu denken: Ideen und Werkzeuge für einen neuen Umgang mit Komplexität*. Deutsche Verlags-Anstalt, Stuttgart

von Bertalanffy L. (1968) *General System Theory. Foundations, Development, Applications*. George Braziller, New York

von Foerster H. (1981) On Cybernetics of Cybernetics and Social Theory. In: Roth G. & Schwegler H. (Hrsg) *Self-Organizing Systems*. Campus, Frankfurt am Main, 102–105

von Glasersfeld E. (1981) Einführung in den radikalen Konstruktivismus. In: Watzlawick P. (Hrsg) *Die erfundene Wirklichkeit. Wie wissen wir, was wir zu wissen glauben? Beiträge zum Konstruktivismus*. Piper, München, 16–39

von Schlippe A. & Schweitzer J. (1996) *Lehrbuch der systemischen Therapie und Beratung*. Vandenhoeck & Ruprecht, Göttingen, Zürich

von Schlippe A. (2014) *Das kommt in den besten Familien vor... Systemische Konfliktbearbeitung in Familien und Familienunternehmen*. Concadora Verlag, Stuttgart

Wagner W. (2019) *Nichtlineare Zeitreihenanalyse als neue Methode für Eventstudien: Eine empirische Studie am Beispiel der Ergebnismeldungen von NASDAQ-Unternehmen.* Springer Gabler, Wiesbaden

Warnecke H.-J. (1993) *Revolution der Unternehmenskultur. Das Fraktale Unternehmen.* Springer, Berlin

Watzlawick P., Beavin J. H. & Jackson D. D. (1969) *Menschliche Kommunikation. Formen, Störungen, Paradoxien.* Hans Huber Verlag, Bern

Webber Jr. C. L. & Zbilut J. P. (1994) Dynamical Assessment of Physiological Systems and States Using Recurrence Plot Strategies. *Journal of Applied Physiology*, 76, 965–973

Weber M. (1985/1922) *Wirtschaft und Gesellschaft: Grundriss der verstehenden Soziologie. 5. Auflage (1. Auflage, 1922).* Mohr, Tübingen

Weber M. (1988/1904/1905) *Die protestantische Ethik und der Geist des Kapitalismus (Textausgabe auf der Grundlage der ersten Fassung von 1904/05 mit einem Verzeichnis der wichtigsten Zusätze und Veränderungen aus der zweiten Fassung von 1920).* Beltz, Athenäum, Weinheim

Weick K. E. (1979) *The Social Psychology of Organizing.* Addison-Wesley, Reading, MA

Weick K. E. (1985) *Der Prozeß des Organisierens.* Suhrkamp, Frankfurt am Main

Weick K. E. (1995) *Sensemaking in Organizations.* Sage, Thousand Oaks

Wiener N. (1948) *Cybernetics, or Control and Communication in the Animal and the Machine.* John Wiley, New York

Wiener N. (1948/2002) Kybernetik (engl. Original: Cybernetics). In: Dortzler B. (Hrsg) *Futurum Exactum.* Springer, Wien, 15–29

Willke H. (1989) *Systemtheorie entwickelter Gesellschaften.* Juventa, München

Womack J. P., Jones D. T. & Roos D. (1990) *Machine that changed the world – the story of lean production.* Harper Collins, New York

World Economic Forum (2020) *6 ways to thrive in an out-of-control world.* https://www.weforum.org/agenda/2020/03/6-ways-to-thrive-in-an-out-of-control-world/, abgefragt am: 31.07.2020

Wu X., Zhu X., Wu G.-Q. & Ding W. (2014) Data mining with big data. *IEEE Transactions on Knowledge and Data Engineering*, 26 (1), 97–107

8 Sachregister